双向固定网格渐进结构优化方法及其工程应用

刘毅　著

中国水利水电出版社
www.waterpub.com.cn
·北京·

内 容 提 要

本书在渐进结构优化方法的基础上提出了一种进行形状优化的“细哨”技术和具有更好边界模拟精度的固定网格边界处理技术——双向固定网格渐进结构优化方法。该方法的优势在于能减少最优拓扑和形状对于初始迭代点的依赖，更有利于获取全局最优解。利用双向固定网格渐进结构优化方法研究了复合材料板壳结构开孔形状优化问题以及地下洞室支护拓扑优化问题，取得了较好的效果。

本书共有6章内容，分别为：绪论、渐进结构优化方法基本原理、改进的固定网格渐进结构优化方法及其应用、双向固定网格渐进结构优化方法及其应用、简单洞室支护优化及其影响因素分析、大型地下洞室群最优锚固支护探讨。

本书可供结构优化研究人员使用，也可供相关专业的大专院校师生参考。

图书在版编目（CIP）数据

双向固定网格渐进结构优化方法及其工程应用 / 刘毅著. -- 北京 : 中国水利水电出版社, 2020.12
ISBN 978-7-5170-9339-8

Ⅰ. ①双… Ⅱ. ①刘… Ⅲ. ①网格结构－结构设计 Ⅳ. ①TU311

中国版本图书馆CIP数据核字(2020)第272838号

书 名	双向固定网格渐进结构优化方法及其工程应用 SHUANGXIANG GUDING WANGGE JIANJIN JIEGOU YOUHUA FANGFA JI QI GONGCHENG YINGYONG
作 者	刘毅 著
出版发行	中国水利水电出版社 （北京市海淀区玉渊潭南路1号D座 100038） 网址：www.waterpub.com.cn E-mail：sales@waterpub.com.cn 电话：（010）68367658（营销中心）
经 售	北京科水图书销售中心（零售） 电话：（010）88383994、63202643、68545874 全国各地新华书店和相关出版物销售网点
排 版	中国水利水电出版社微机排版中心
印 刷	北京瑞斯通印务发展有限公司
规 格	184mm×260mm 16开本 8印张 195千字
版 次	2020年12月第1版 2020年12月第1次印刷
印 数	0001—1000册
定 价	**45.00**元

前　言

渐进结构优化方法（Evolutionary Structural Optimization，简称ESO）是1993年由Xie和Steven所提出，近些年来发展迅速，已在结构拓扑优化方面展现出强大的生命力。

本书作者长期从事渐进结构优化方法的研究，通过在工作中与国内同行的交流，感觉到目前国内尚未有较好介绍渐进结构优化方法的入门书籍，因此将渐进结构优化方法的基本原理和作者近些年来的部分研究成果整理成书，供从事渐进结构优化方面工作的技术人员参考使用。

本书的主要内容分为6章，分别为：绪论、渐进结构优化方法基本原理、改进的固定网格渐进结构优化方法及其应用、双向固定网格渐进结构优化方法及其应用、简单洞室支护优化及其影响因素分析、大型地下洞室群最优锚固支护探讨。力图通过结构优化方法发展历程的回顾来阐述渐进结构优化方法的主要特点，通过简单算例阐述渐进结构优化方法的基本原理，通过复合板开孔优化算例阐述改进的固定网格渐进结构优化方法和双向固定网格渐进结构优化方法的研究成果，最后将渐进结构优化方法应用于洞室结构支护优化的问题。

本书研究成果来自于中国水利水电科学研究院流域水循环模拟与调控国家重点实验室、中国水利水电科学研究院水利部水工程建设与安全重点实验室、中国水利水电科学研究院结构材料研究所，并得到国家重点研发计划项目（2018YFC0406703）、国家自然科学基金（51779277、51779276）、中国水利水电科学研究院科研专项（SS0145B612017、SS0145B392016）、流域水循环模拟与调控国家重点实验室自主研究课题（SKL2020ZY10）的基金资助。

本书的主要研究成果得到了清华大学金峰教授、澳大利亚悉尼大学李青教授的指导和帮助，在此表示感谢！

本书内容精练、实用指导性强，力求为读者进行深入浅出的讲解。但由于作者水平和资料所限，书中难免存在疏漏之处，敬请各位专家老师给予指导。

作者

2020年8月

目　　录

前言

第1章　绪论 …… 1

1.1　结构优化方法综述 …… 1

1.1.1　结构优化方法的发展简史 …… 1

1.1.2　传统的结构优化方法述评 …… 2

1.2　渐进结构优化方法的研究历史及现状 …… 3

1.3　复合材料板壳结构开孔形状优化研究综述 …… 5

1.4　地下洞室支护优化背景 …… 6

1.4.1　地下洞室工程的发展现状 …… 6

1.4.2　地下洞室工程的研究方法综述 …… 7

1.4.3　地下洞室支护设计的研究现状 …… 10

1.5　本书的主要工作 …… 11

第2章　渐进结构优化方法基本原理 …… 13

2.1　渐进结构优化方法基本原理及特点讨论 …… 13

2.2　传统渐进结构优化方法基本流程 …… 14

2.3　几个常用的渐进结构优化方法敏感度 …… 15

2.3.1　满Mises应力敏感度 …… 15

2.3.2　刚度敏感度 …… 15

2.3.3　位移约束敏感度 …… 16

2.4　几个经典的例子 …… 17

2.4.1　Michell桁架 …… 17

2.4.2　等表面应力结构 …… 18

2.4.3　悬臂梁结构 …… 18

2.5　重力坝基本断面形状优化 …… 19

2.5.1　计算条件及初始域 …… 20

2.5.2　计算结果分析 …… 20

2.6　体积不变的可控孔数的双向渐进结构优化方法 …… 21

2.6.1　方法流程 …… 22

2.6.2　算例1 …… 23

2.6.3　算例2 …… 23

2.7　小结 …… 24

第3章　改进的固定网格渐进结构优化方法及其应用 …… 26

3.1　节点敏感度 …… 26

3.1.1 Tsai-Hill 值强度准则节点敏感度 …… 26
3.1.2 基于位移的节点敏感度推导 …… 27
3.2 改进的用于渐进结构优化方法的固定网格技术 …… 28
3.3 改进的固定网格渐进结构优化方法流程 …… 30
3.3.1 控制开孔时机的方法 …… 30
3.3.2 稳定判断和中止条件 …… 31
3.3.3 流程概略 …… 31
3.4 改进的固定网格渐进结构优化方法验证 …… 32
3.5 复合材料方板开孔形状优化 …… 33
3.5.1 单孔形状优化 …… 33
3.5.2 不同开孔数对开孔形状的影响 …… 35
3.5.3 不同叠层构造对最优孔形影响 …… 37
3.5.4 两孔相互影响的历程 …… 39
3.6 小结 …… 40
第 4 章 双向固定网格渐进结构优化方法及其应用 …… 41
4.1 基于统一敏感度的增加材料的技术 …… 41
4.2 基于统一敏感度的双向渐进结构优化方法的验证 …… 42
4.2.1 Michell 桁架算例 …… 42
4.2.2 悬臂梁算例 …… 44
4.3 双向固定网格渐进结构优化方法 …… 45
4.3.1 新的中止条件 …… 45
4.3.2 增加材料的法则 …… 46
4.3.3 程序流程 …… 47
4.4 复合材料壳结构开孔形状优化 …… 48
4.4.1 壳结构开孔算例 1 …… 48
4.4.2 壳结构开孔算例 2 …… 49
4.4.3 壳结构开孔算例 3 …… 50
4.4.4 荷载对最优孔形的影响 …… 50
4.4.5 不同初始开孔对最优开孔的影响 …… 52
4.5 小结 …… 57
第 5 章 简单洞室支护优化及其影响因素分析 …… 58
5.1 简单洞室有限元计算模型 …… 58
5.2 几种典型的简单洞室稳定评价目标函数 …… 59
5.2.1 以卸荷引起的总应变能为目标函数 …… 59
5.2.2 防治洞室底鼓、帮鼓的目标函数 …… 59
5.2.3 描述洞室总变形和顶底与边墙相对变形的目标函数 …… 59
5.3 洞室稳定评价目标函数的敏感度推导 …… 61
5.3.1 防治底鼓、帮鼓的敏感度推导 …… 61
5.3.2 以洞室总变形为目标函数的敏感度推导 …… 61

5.4 以卸荷引起的总应变能为目标函数的最优支护 …… 62
5.4.1 $r=0$ 时的情况 …… 63
5.4.2 $r=-0.35$ 时的情况 …… 64
5.5 以防治底鼓和帮鼓为目标函数的最优支护拓扑 …… 66
5.5.1 防治底鼓 …… 66
5.5.2 防治帮鼓 …… 68
5.5.3 防治底鼓和帮鼓 …… 69
5.6 不同初始支护拓扑及迭代步长对最优支护的影响 …… 71
5.6.1 初始支护拓扑对最优支护的影响 …… 72
5.6.2 迭代步长对最优支护的影响 …… 73
5.7 锚固对岩石的影响模型 …… 73
5.7.1 锚固效应分析 …… 73
5.7.2 锚固岩石等效模型 …… 74
5.8 不同目标函数的最优锚固支护拓扑研究 …… 76
5.9 不同边界条件对最优支护拓扑的影响 …… 80
5.10 不同地应力场对最优支护拓扑的影响 …… 81
5.11 各向异性对最优支护拓扑的影响 …… 82
5.12 分层岩体对最优支护拓扑的影响 …… 84
5.13 软弱带对最优支护拓扑的影响 …… 84
5.13.1 不同部位未贯通的软弱区域对最优支护的影响 …… 85
5.13.2 不同部位贯通的软弱带对最优支护的影响 …… 86
5.14 限定锚固范围和深度的锚距优化设计 …… 87
5.15 同时考虑锚距锚深优化的最优支护 …… 88
5.16 锚固深度与洞室尺寸相对比值对最优锚固的影响 …… 89
5.17 小结 …… 90
第6章 大型地下洞室群最优锚固支护探讨 …… 92
6.1 溪洛渡工程概况 …… 92
6.2 溪洛渡地下厂房相关地质条件 …… 95
6.3 计算模型及材料分区 …… 96
6.4 溪洛渡二维地应力反馈计算 …… 98
6.5 现有的锚固方案等效模型 …… 99
6.6 洞室群稳定性评价与动态优化设计概念 …… 101
6.6.1 简单的洞室群稳定目标函数 …… 101
6.6.2 监测函数的基本概念及动态优化设计 …… 102
6.7 以卸荷引起的总应变能为目标函数的最优锚固支护 …… 103
6.8 不开挖主变室和调压井对主厂房最优锚固拓扑的影响 …… 104
6.9 以描述边墙相对底角变形的监测函数为目标函数的最优锚固 …… 105
6.10 小结 …… 106
参考文献 …… 108

第1章　绪　　论

1.1　结构优化方法综述

1.1.1　结构优化方法的发展简史

公认的结构优化研究是从1638年伽利略研究等强度梁开始的。随后300年间的研究集中在以下几个方面：等强度梁模糊结构的设计；给定材料体积最小应变能设计；最小重量设计，特别是最小质量桁架的设计。1904年，Michell提出了满应力设计和同步破坏模式设计的概念，在此基础上发展了齿行法等实用技术。20世纪50年代之前，结构优化所研究的问题都是相当简单的，制约结构优化发展的瓶颈是结构分析方法。

20世纪50年代数学规划技术的发展极大地推动了优化方法在工程设计中的应用。1960年，Schmit把有限元分析和数学规划方法在结构优化设计中进行了联合，这是结构优化领域的一个里程碑，标志着结构优化成为了一门独立的学科。数学规划方法被迅速地应用到一些高度理想化的结构优化问题中，但是数学规划理论的计算量会随着设计变量的增加而迅速增加，当它应用于实际结构的优化时，因效率太低而难以推广，在这种背景下就出现了最优化准则法。

1968年，Prager等人针对简单连续体提出了分析形式的优化准则（COC）；同年，Venkayya提出了离散型的优化准则（DOC）——均匀应变能密度准则，极大地带动了最优化准则方法的发展。此后，应力、位移、频率、屈曲、颤震等约束条件下的结构最优准则被导出。

之后，大量学者研究了不同的最优准则的迭代算法。同时，以数学规划为基础的结构优化方法的研究也一直没有间断。对偶法的出现建立了数学规划方法和最优化准则方法之间的联系。

由于分析方法的限制，20世纪70年代前，结构优化大多局限在尺寸优化的范畴。1973年，Zienkiewicz和Gallagher发表了形状优化领域的第一篇文章。之后，有限元、边界元等数值方法迅速被应用到结构形状优化领域。随着数值技术，特别是有限元技术的发展，结构优化的功能越来越强。进入80年代以后，结构优化的研究热点逐渐转向了形状优化和拓扑优化领域。

结构优化领域发展的另一个热点是仿生学方法的出现。1975年，Holland首先提出了模拟生物群体的进化历程的遗传算法的概念。随后，大量学者就遗传算法在结构优化领域中的应用进行了研究。

相对于形状优化而言，拓扑优化是更高层次的优化。早期的拓扑优化的研究基于基结构方法，用基结构方法研究杆系桁架结构拓扑优化已经比较广泛，但是连续体结构拓扑优化很长时间都没有进展。

1988年，Bendsoe和Kikuchi提出了均匀化结构优化方法，这在结构拓扑优化领域开辟了一个新的天地。均匀化结构优化方法问世后立刻得到众多学者的响应。

1993年，Xie和Steven发展了渐进结构优化方法，提出了渐进优化的准则。1999年，谢亿民等在《工程力学》发表了国内第一篇有关渐进结构优化的中文文献。近二十年来，渐进结构优化方法已在一些公认十分复杂的问题中取得了很大进展，目前它的基本概念和算法已被几个工程设计软件所吸收，并已在土木建筑、机械结构等多个工程领域有所应用。

1.1.2 传统的结构优化方法述评

结构优化的概念框架包括问题识别、模型化、优化求解与评价等步骤。本书将逐项对其进行评述。

问题识别和评价是结构优化研究的第一步和最后一步。当前结构优化的应用与实际成效远远落后于优化理论的进展，原因是多方面的，工程师与结构优化研究人员在问题识别和评价方面的差异是重要原因之一。一方面，工程师们不熟悉结构优化的理论和方法，另一方面，优化研究人员建立的优化目标不符合工程需要，再加上在设计规范中没有明确采用优化设计的方法和要求，这些因素限制了结构优化在实际工程中的应用。

将具体工程问题删繁就简进行识别之后，建立相应的物理数学模型是优化的基础。所谓建模，就是把识别后的工程问题简化为标准的优化模型。其主要过程包括：抓住影响问题的主要因素，提取相应的设计变量，表示为$X=[x_1,x_2,\cdots,x_4]$；建立评价方案优劣的目标函数或准则函数，表示为$F(x)$，$F(X)\rightarrow\min$；根据对问题的各种规定限制与要求，确定有关的约束条件，表示为$h_j(X)=0$，$j=1,2,\cdots,k$；$G_i(X)\leqslant 0,i=1,2,\cdots,m$；$X\geqslant 0$。其中设计变量的选择往往是建模的核心内容。

在尺寸优化领域，建模方式是比较简单的，设计变量就是需要优化的尺寸变量，目前对于这一领域的研究已比较成熟。

在形状和拓扑优化领域，最初，有限元节点坐标被作为设计变量，但是学者们很快发现这一技术无法保证设计边界的光滑连续性。因此，随后发展了采用直线、圆弧、样条曲线、多项式曲线、二次参数曲线、二次曲面等方法来描述连续体结构边界，各类不同形式的曲线和曲面构成了不同的边界描述方法。Iman提出了设计元方法，他把1组控制几何形状的主节点作为设计变量，减少了设计变量。但是这些方法都存在网格致畸的缺陷，因此，有时候需要辅以单元网格的自适应分析，而自适应网格往往伴随着很大的计算量。边界元的发展也为形状优化提供了舞台。边界元的结点参数作为设计变量的优点在于不用重新划分网格，但它的缺点是不够稳定。

均匀化理论和渐进结构优化方法都是以单元作为设计变量，优化过程中，不需要改变有限元网格，也不存在网格畸形的问题，但是它存在边界为阶梯状，容易出现“棋盘”格式等问题。

建立模型之后，接下来的工作就是寻求最优解。搜索最优解的方法大致可以归纳为三类：数学规划法、最优准则法、仿生学方法。

在数学规划法中，结构设计的寻优过程被当作是一个目标函数的数学极值问题，这个问题是被限制在有许多约束条件的 n 维空间里的，这个极值搜索运用的是线性或非线性的数学规划法。目前常用的方法有：单纯形法、罚函数法、乘子法、序列线性规划法、序列二次规划法、割平面法、可行方向法、梯度投影法、广义简约梯度法、复形法、可变容差法、随机试验法等。每一种数学规划法都有相应的适用范围，K. Schittkowski 等人就此进行了专门的研究。但总体来说，直接采用数学规划理论需要很多次调用函数计算，并且计算量随设计变量的增加而迅速增加，因而对于实际结构的设计效率低、经济性差，使这一类方法推广到实际的工程结构设计时存在较大的困难。

最优准则法的基本出发点是：通过推导，预先规定一些优化设计必须满足的准则，然后根据一些理论化的迭代公式，通过迭代求得最优解。优化准则法最突出的特点是迭代次数少，且迭代次数对设计变量的增加不敏感，因而具有很高的计算效率，优化准则也易于编程；然而在建立迭代公式的过程中经常需要引入一些假设，这些假设往往与所研究问题的特点（如约束种类）等有关，因此方法的通用性受到限制。更重要的是，准则法的递推公式缺乏数学基础，没有收敛性证明，也许是引起迭代过程振荡或不收敛的原因。

混合法是将数学规划法与最优准则法相结合成为可能。实际上，这种方法的要点是将最优准则概念与各种近似手段相结合，把高度非线性的问题化为一系列近似的带有显式约束的问题，之后就可以用现有的数学规划法有效地求解。这类方法目前存在的正在研究的热点问题有以下几方面：如何选择中间函数和中间变量以得到约束函数的高度近似函数；如何改进在每一步迭代中建立近似规划以及求解这一近似规划的方法；如何有效求得约束函数（或中间函数）对设计变量（中间变量）的灵敏度。

最早出现的仿生学法是遗传算法，它的哲学基础是达尔文的进化论，物竞天择，适者生存。对于优化设计问题，类比于自然种群，以一批设计点作为设计种群，以优化目标来表示种群的适应性，按照遗传算法的过程一代代进化，以此产生越来越好的目标函数值。目前模拟自然界进化的算法主要有基因遗传算法，模拟退火法和神经元网络算法。遗传算法的主要优点是有很强的解题能力和很广的适应性，有较强的全局优化性能。遗传算法的主要缺点是结构重分析次数很多，收敛速度慢，不利于工程应用等问题。所以它比较适合于设计变量较少的非连续性结构优化问题。

综上所述，在结构优化领域，传统的优化方法各有优劣，不同的方法有不同的适用范围，没有哪一种方法能确保求得全局最优解。一些学者指出，以下几个方面的内容值得关注：研制偏重于获取满意解而非严格意义上的最优解的启发式算法；形状优化和拓扑优化领域的理论与应用研究；根据优化的特点建立高精度近似敏感度；结构优化的工程应用等。

渐进结构优化方法是一种研究拓扑优化和形状优化的启发式算法，将这一领域的最新研究成果引入工程实践是一个值得研究的课题。

1.2 渐进结构优化方法的研究历史及现状

渐进结构优化方法（Evolutionary Structural Optimization，ESO）是近些年来迅速发展起来的一种结构优化方法，其基本原理是逐步删除最不起作用的材料，剩余结构逐步达到最优解。

1993 年，Xie 和 Steven 提出了渐进结构优化方法，通过几个经典的结构优化的算例，展示了这一方法应用于形状和拓扑优化的强大的优势。之后，许多学者进行了广泛而深入的研究，据不完全统计，截至 2004 年，SCI 和 EI 检索到的相关论文已经超过 100 篇，博士论文 6 篇，专著 1 部。

Xie 和 Steven 用更多的经典算例验证了 ESO 方法的鲁棒性。Chu 等人研究了网格尺寸、单元移走速率、单元类型对最优拓扑的影响。文中指出单元移走速率处于一定限度以下时，对最优拓扑影响较小；网格尺寸对最优结构的细节有影响，而对优化效率影响不大；单元类型对最优拓扑影响较小。Zhao 等人的研究表明初始域的大小对频率约束的最优拓扑的影响显著。1997 年，Xie 和 Steven 出版了 *EVOLUTIONARY STRUCTURAL OPTIMIZATION* 一书，对 ESO 方法的基本原理、参数影响及当前的研究进展进行了总结。

在研究的广度上，渐进结构优化方法有了较大的进展。Xie 等人把 ESO 方法的适用范围从最初的满 Mises 应力准则扩展到刚度和位移约束、应力约束、频率约束、屈曲约束、扭转约束等其他传统力学领域，并推导了相应的敏感度。Li 等人还把这一方法从力学问题扩展到热弹性、热传导、静磁场、不可压缩流体等一般的物理领域，进一步扩大了 ESO 方法的应用范围。荣见华等人把 ESO 方法从各向同性均质材料扩展到了拉压性质不同的材料，使之适用于以钢筋和混凝土为主要建筑材料的桥梁拓扑优化领域。最初的 ESO 方法应用于单工况单准则条件，学者们把它扩展到多工况和多准则条件，典型的有：频率与刚度准则，最大应力与刚度准则，应力、刚度与稳定性约束准则。ESO 本质上是一种拓扑优化方法，学者们把它扩展到能考虑形状和尺寸优化。最初的 ESO 方法只能应用于线弹性材料，Li 等人把它扩展到接触面优化的非线性问题。

随着 ESO 方法研究广度的拓展和深度的加深，ESO 方法也出现了许多需要解答的问题。

第一个问题是怎么评价所得到拓扑的优劣，Liang 等人建立了用于评价系统柔度以及位移的相应指标。

第二个问题是渐进结构优化方法在整个结构优化领域的地位问题。Tanskanen 研究了 ESO 方法的理论问题，建立了满足某种限制的 ESO 方法与数学规划方法之间的联系；Kutylowski 探讨了拓扑优化中解的非唯一性问题；Rozvany 等人把 ESO 方法与传统的最优准则方法进行了综合，就 ESO 方法的适用性提出了自己的看法，并把 ESO 方法放到了整个结构优化领域来考虑，提出了传统 ESO 方法的不足，并对 ESO 方法和最优准则方法之间的关系进行了说明。

第三个问题，是困扰所有结构优化方法的难题局部极值问题。局部极值问题指的是对于同一个结构优化问题，当选取的初始值不同时，得到的拓扑结构也不同，优化结果收敛于局部极小点。与所有优化方法一样，传统的渐进优化方法也不能确保解决局部最优问题。因此，如何尽量保证解的全局最优性是许多研究人员正在研究的第三个热点问题。目前有 3 种解决思路：①Zhao 等人提出的广义 ESO 方法，主要是通过引入敏感度的精确表述避免因为敏感度的不精确造成的误删；②双向渐进结构优化方法（bi - directional evolutionery structural optimization，BESO），BESO有两种增加材料的模式，第一种增加单元的模式是在当前结构内的高敏感度单元的周边增加单元，第二种是通过结构内单元的位移插值得到临近边界的空单元的位移以计算虚拟的敏感度，按照虚拟敏感度的高低决定增加单元，允许增加单元相当于提供了把错删单元重新加入结构的机会，从而减少了误删单元的可能性；③Reynolds等人提出的材料进化迁移方法，实际上，这种方法建立了一种材料从高敏感度区域流向低敏感度区域的法则。

第四个值得关注的问题是优化解的边界光滑问题。传统的ESO方法是以一个单元作为材料删除的单位的，因此，它存在着边界为阶梯状的弊端，其结果需要进行必要的后处理。目前的解决方法有以下几种：①Reynolds等人发展的逆适应方法，它通过对边界单元的加密在一定程度上解决了边界光滑度的问题，但是它丧失了ESO方法最基本的优势——简单性和高效率；②把固定网格有限元技术引入ESO方法中，这一方法虽然有一定的计算误差，但是它较高的计算效率和光滑度保证了它是一种有前途的技术；③周克明提出了将四边形蜕化为三角形以改善边界光滑度的方法，取得了较好的效果。

第五个问题是网格敏感性与棋盘格式问题。网格敏感性是指对同一初始设计区域，当采用不同的初始网格进行优化时，所得最优结构的拓扑形式是不同的。在现有的渐进结构优化方法研究中，有两种解决网格敏感性的方法：①引入边界应力比参数方式来控制开孔时机；②控制结构总的周长的方式来抑制过多的开孔。棋盘格式是ESO方法应该尽量避免的现象，许多学者提出了简单的解决技巧。

如前所述，把优化方法引入工程实际应用一直是各种优化方法研究的热点，ESO方法也是这样，从其诞生之日起就为学者们所关注。目前，已经应用到桥梁结构拓扑优化、杆件连接结构的形状优化、机翼支撑设计优化、微型柔性结构优化设计、深潜器主框架拓扑优化、钢筋混凝土配筋优化、叠层复合材料方板开孔形状优化，本书还将其引入重力坝体形优化和地下洞室开挖支护优化领域。渐进结构优化方法已逐渐由理论研究阶段进入工程应用阶段。

1.3 复合材料板壳结构开孔形状优化研究综述

由于具有比强度高等特点，叠层复合材料在结构工程、航空工程、汽车工程中应用广泛。由于一些特殊的技术要求，如电缆布置、机构耦合、通风孔洞等，一些开孔的结构是不可避免的。实际上，由于孔的存在会显著地改变周围应力，会对复合材料结构的寿命产生实质性的影响。因此，一个很重要的设计目标就是最大程度减小开孔所引起的应力集中。

解决应力集中问题有两种典型解决方式，一种是加固设计，另一种是几何设计。前者是在不改变应力约束的条件下在孔的周围寻求最优化的加固形式，Becker等人在保持孔形不变的条件下提供了一个很好的求解。但是，加固设计需要额外的加工，会增加制造费用。因此，孔形的几何设计是解决应力集中问题的重要途径。许多学者就这一问题进行了研究。Backlund等人用样条曲线模拟孔形在保持最大Tsai－Hill值约束下求解孔形优化问题。Vellaichamy等人在不同的分层构造和荷载工况下优化椭圆孔形的方向和长短轴比。Ahlstrom等人研究了不同分层构造条件下圆柱形复合材料结构压力容器的最优开孔形状问题。Han 等人采用应变生长方法研究了以下两类问题：在体积不变的约束下得到统一的 Tsai - Hill 值分布；在保持最大 Tsai - Hill 不变的条件下最小化体积。与上述研究都是采用 Tsai - Hill 值不同，Mue 等人用 Huber - Mises - Hencky 应力作为孔形优化的准则。

除了上述强度准则，其他诸如动力和稳定约束也被作为孔形优化的准则。Sivakumar 等人以椭圆孔形的长短轴比为设计变量，以最大化基频和最小化质量为目标，采用遗传算法研究了尺寸优化问题。Bailey 等人调查了拟复合材料方板开孔形状对于屈曲和屈曲后行为的影响。Hu 等人用序列线性规划方法研究了开孔尺寸和分层方向对于最优屈曲荷载的影响。在一定程度上，这些结果反映了孔形优化设计的重要性。

实际上，由于存在可能的网格歧变，原来的形状优化技术几乎都需要进行网格重划分。传统的渐进结构优化的一个显著优点就是不需要重分网格。但是，传统的渐进结构优化方法也存在一个明显的缺点，即边界不够光滑。这一缺点在应用到形状优化时往往是致命的。Falzon 等人用传统的渐进结构优化方法研究了不同分层构造时单孔和多孔形状优化问题，得到了合理的结果，但是它的一个显著的缺点就是优化结果存在阶梯状的边界，必须要进行附加的后处理。更重要的是，阶梯边界可能会引起无法预料的应力集中从而造成对最优结果的错误的解释。而且以上的研究只能对开孔形状进行优化，而不能同时考虑开孔最优位置，因此，建立新的基于固定网格的边界光滑技术，发展功能更强的双向固定网格渐进结构优化方法，并用这种方法研究板壳结构开孔形状优化问题具有重要的意义。

1.4 地下洞室支护优化背景

1.4.1 地下洞室工程的发展现状

在水利水电工程、采矿工程、交通工程、市政建设中，地下空间的开发已经展现出强劲的发展势头。以水电工程为例，由于采用地下厂房有利于施工导流、枢纽泄洪消能布置，减少溢洪时雨雾对电站运行的影响，缩短建设周期，节省工程总投资。我国 20 世纪 90 年代后动工的峡谷高坝基本都采用地下厂房，如二滩、大朝山、江垭、棉花滩、溪洛渡、小湾、龙滩等，甚至一些河谷较宽的高坝也采用地下厂房布置，如百色水电站、向家坝水电站等。据统计，截至 2015 年底，我国已建成水电站地下厂房约 120 座，其中，装机超过 1000MW 以上的地下厂房水电站 40 余座，见表 1.1。表 1.1 中列出了我国已建单机容量排名前 20 的地下式水电站的主厂房、主变室、尾水调压室等三大洞室的特征参数。其中，溪洛渡电站厂房分左右岸地下厂房，各装机 9 台机组，分别由主厂房、主变室、尾水调压室等三大主洞室以及 9 条压力管道、9 条母线洞、9 条尾水管及尾水连接洞、3 条尾水洞、2 条出线竖井以及通排风洞、防渗排水廊道等组成。现代的地下洞室支护，一般都采用新奥法，充分利用围岩自身的抗力来实现大型地下洞室群的柔性支护。喷混凝土、岩体灌浆和锚索、锚杆支护都是现在常用的支护手段。洞室群的支护设计就是对这些支护手段的布置、范围、支护强度进行设计，支护设计关系到大型地下洞室群的安全，而且也是工程造价是否经济的关键因素。因此，发展大型地下洞室群的新的支护设计方法不仅具有理论意义，也有很大的实际价值。

表 1.1　我国已建单机容量排名前 20 的水电站地下洞室群特征参数表（截至 2015 年）

序号	电站名称	装机容量/MW	单机容量（MW）×台数/台	厂房尺寸（长×宽×高）/m×m×m	主变室尺寸（长×宽×高）/m×m×m	调压室尺寸（长×宽×高）/m×m×m	岩性	建成年份
1	向家坝	3200	800×4	255.4×33.4×85.2	192.3×26.3×23.9	—	砂岩，夹少量泥岩	2014
2	溪洛渡	13860	770×18	L：439.74×31.9×75.6 R：443.34×31.9×75.6	349.3×33.32×19.8	317×95.0×25.0	玄武岩	2014
3	三峡右岸	4200	700×6	311.3×32.6×87.30	—	—	花岗岩	2009
4	小湾	4200	700×6	298.4×30.6×79.3	257×22×32	圆柱形，直径 38m，高 91.02m	片麻岩	2012
5	拉西瓦	4200	700×6	311.7×30.0×73.8	354.75×29.0×53.0	圆柱形，直径 32m，高 69.3m	花岗岩	2011
6	龙滩	6300	700×9	388.5×30.3×74.5	397×19.5×22.5	95.3×21.6×89.7	砂岩、泥板岩	2009
7	糯扎渡	5850	650×9	418×29×79.6	348×19×22.6	圆柱形，直径 38m，高 94m	花岗岩	2014
8	大岗山	5850	650×9	226.5×30.8×73.7	144.0×18.8×25.6	132.0×24.0×75.08	花岗岩	2015
9	锦屏二级	4800	600×8	352.4×28.3×72.2	374.6×19.8×31.4	192.3×26.3×23.9	大理石	2014
10	官地	2400	600×4	243.4×31.1×76.3	197.3×18.8×25.2	205×21.5×72.5	玄武岩	2013
11	锦屏一级	3600	600×6	277×29.6×68.8	201.6×19.30×32.54	圆柱形，直径 41m，高 80.5m	大理岩	2014
12	构皮滩	3600	600×6	230.4×27.0×75.3	207.1×15.8×21.34	—	灰岩	2011
13	瀑布沟	3300	550×6	294.1×30.7×70.1	250.3×18.3×25.3	178.87×17.4×54.15	花岗岩	2010
14	二滩	3300	550×6	280.3×30.7×65.3	214.9×18.3×25	203×19.8×69.8	正长岩、玄武岩	2000
15	水布垭	1600	400×4	168.5×23.0×65.4	—	—	灰岩、页岩	2009
16	鲁地拉	2160	360×6	267×29.8×77.2	203.4×19.8×24	184×24×74	变质砂岩	2014
17	彭水	1750	350×5	252×30×68.5	—	—	灰岩、灰质页岩	2008
18	小浪底	1200	300×4	251.5×26.2×61.44	174.7×14.4×17.85	175.8×16.6/6.0×20.6	砂岩、黏土岩	2001
19	大朝山	1350	225×6	234×26.4×63	157.65×16.2×17.95	271.4×22.4×73.6	玄武岩	2003
20	思林	1050	262.5×4	177.8×27.0×73.5	130×19.3×37.7	—	灰岩	2009

1.4.2 地下洞室工程的研究方法综述

早在原始社会，人类为了居住开始使用地下洞穴。几千年来，人类在生活和生产中逐渐积累了很多保持围岩稳定的方法和经验。但是对围岩稳定理论的深入研究，还是随着科学和大工业的发展开始的。

作为地下洞室围岩稳定研究方法的岩石力学理论可以分为 4 个发展阶段。

第一个阶段是岩石力学的萌芽阶段（19 世纪末—20 世纪初）。产生了古典的压力理论以解决岩体开挖的力学计算问题。这类理论认为，作用在支护结构上的压力是其上覆盖的岩体的重量。这类理论的代表人物有海姆、朗金、金尼克等。

第二个阶段是岩石力学的经验理论阶段（20 世纪初—20 世纪 30 年代）。随着开挖深度的增加，人们发现，古典压力理论不符合实际情况。这一阶段出现了根据生产经验提出的地压理论，并开始用材料力学和结构力学的方法分析地下工程的支护问题。这其中最有代表性的就是普罗托吉雅柯诺夫和太沙基提出的散体压力理论，这类理论认为，当地下工程埋藏深度较大时，作用在支护结构上的压力只是围岩塌落拱内的松动岩体重量。这一理论指导着当时的工程实践，发挥了一定作用。但事实上，围岩的塌落并不是形成围岩压力的唯一来源，也并不是所有的地下空间都存在塌落拱，而且在很多情况下围岩和支护可以形成一个共同承载系统。

第三个阶段是岩石力学的经典理论阶段（20 世纪 30—60 年代）。力学理论的进展也为岩体工程提供了新的研究方法，弹性力学和塑性力学被引入岩石力学，确立了一些经典计算公式，形成了围岩和支护共同作用的理论，岩石力学在该阶段逐步发展成为一门独立的学科。在这一阶段，形成了“连续介质理论”和“地质力学理论”两大学派。连续介质理论以固体力学作为基础，从材料的基本力学性质出发来认识岩石工程的稳定问题。这一理论的代表人物有萨文、鲁滨湟特、芬纳、塔罗勃、卡斯特纳等。地质力学理论注重地层结构和力学性质与岩石工程稳定性的关系。这一学派的代表性人物是克罗斯、斯梯文、米勒等。该学派的一个重要贡献就是在地下洞室工程施工领域提出了著名的“新奥法”，这一方法至今仍被国内外广泛应用。

第四个阶段是岩石力学的发展阶段（20 世纪 60 年代）。随着力学理论，有限元技术，计算机技术的发展分析手段也越来越多。目前，主要的手段有以下四种：计算方法（解析和数值）；地质力学及其他物理模型试验；室内及野外岩石力学试验，原位监测及信息反馈；工程经验方法。

数值计算方法因为其具有低成本、可重复性等优势，是岩石力学的研究热点之一。目前较为常用的方法有：有限元法、边界元法、无限元法、有限差分法、加权余量法、无单元法、离散元法、刚体弹簧元法、不连续变形分析法、数值流形方法等。近年来，有许多学者把几种数值方法结合起来研究岩石力学问题，取得了较好的效果。所有这些岩土工程数值方法中，以有限元为代表的连续性数值分析方法应用较为广泛，积累了丰富的经验。

岩石力学的另一个研究热点就是对岩石本构理论的研究。岩石本构理论是建立岩石力学物理模拟、数值模拟与计算分析的基础，是进行岩石力学理论研究的核心问题。目前，在宏观意义上建立起来的岩石弹塑性理论、流变学理论以及损伤力学理论等等已经得到不断发展和完善，并且已经在水电站地下工程设计等实际工程中得到应用。

岩石力学的发展为我们预测围岩力学行为提供了可能，但是，由于岩体的复杂性，在工程应用中仍有许多很大的困难。例如在岩石力学数值计算中，根据试验提供的弹性模量计算出的位移与现场测量值有很大差别，乘以一个修正系数，才能和现场量测得到的位移值相一致，而这个系数有时仅为 0.1～0.2。因此，岩石工程师评价岩石力学“声誉高、信誉低”。输入参数给的不准确和岩体本构关系的复杂性已经成为数值计算的两大“瓶颈”。

此外，在地下洞室工程中，怎么评价围岩的稳定性是一个很重要的问题。不少研究人员在这一方面进行了研究。黄宏伟等人提出利用围岩位移状态作为判断准则。莫海鸿等人提出洞用周围岩径向张应变量作为判断准则。丁文其提出采用洞周围岩径向张应变，洞周围岩屈服区计算和支护结构受力状态作为围岩稳定判定依据。朱维申、李术才等用围岩屈服区大小以及综合考虑开裂破坏、塑性破坏和回弹破坏的围岩塑性耗散能作为围岩稳定判定依据。但是，迄今为止，还没有一种通用的判定准则能确保洞室的稳定。

面对这种情况，孙钧院士指出，尽管数值模拟对岩体结构进行力学分析的方法得到了广泛的应用，并且取得了许多进步，但是用数值模拟方法对岩体力学问题进行正向计算分析需要准确而充分的数据。因此，不敢断言这种传统的方法在将来是否会对这样一类问题的研究有新的突破，至少目前还不可能将这一类问题的研究提高到一个全新的高度。因此，人们不得不寻找新的解决方法。

以神经网络为代表的人工智能技术引入岩石力学就是一个新的尝试。1984年，W. S. Dershewitz与H. H. Einstein发表了题为《人工智能在岩石力学中的应用》的论文。1985年，C. Fairhurst提出用模糊数学结合专家系统解决隧道支护问题。国内，1989年，张清研究出铁路隧洞围岩分类的专家系统。1995年，冯夏庭教授在我国最早提出了智能岩石力学这一学科方向。它的基本思想是利用智能科学、系统科学、非线性科学、不确定性科学等科学综合解决岩石动力问题。智能岩石力学的提出推动了智能科学在岩土力学工程中的应用。许多学者对这一领域进行了研究。2000年，冯夏庭对智能岩石力学的理论和方法进行了阶段性的总结。严格意义上，智能岩石力学并不能增进我们对于岩石问题机理的认识，因为从原理上讲它完全依赖过去的经验，如果所引入的经验实例并不优秀甚至并不成功，那么这种分析的结果则谈不上经验的优化与创新，因此将智能岩石力学与经典岩石力学相结合可能是一个发展方向。

一般来说，当我们在某个问题上遇到困难时有两条解决途径，一种是建立一种新的体系来解决问题，另一种就是在旧的系统中寻找突破、变通，而这种突破和变通是在旧的框架内，但是融入了一些新的元素。经典岩石力学所遇到的困难是输入参数不准确和岩体本构关系复杂这两大问题，岩体工程的现实情况决定了我们不可能通过详细的现场试验来完备地获得这些资料，因此，使用反分析方法来解决这一问题就是一个选择，新的量测技术的发展为这种选择提供了现实的可能。

20世纪70年代初，人们就开始注意由现场量测信息确定各类计算参数的研究。1972年，Kavanagh和Clough发表了反演弹性固体的弹性模量的有限元法。1976年，Kirsten在岩土工程勘测研讨会上提出了量测变形反分析法，随后，Maier提出了岩石力学中的模型辨识问题。1980年，Gioda提出采用单纯形等优化方法求解岩体的弹性及弹塑性力学参数，并讨论了不同优化方法在岩土工程反分析中的适应性。国内的杨志法提出了一种实用的位移反分析方法——图谱法。之后，大量研究人员就反分析模型、优化方法、反分析的应用等领域进行了深入的研究。根据反分析时所利用的基础信息不同，反分析法可分为应力反分析法、位移反分析法和混合反分析法，其中位移反分析法为工程广泛采用。位移反分析的特点是利用较易获得的位移信息，反演岩体的力学特性参数及初始地应力等荷载。尽管反分析方法门类较多，但对于岩体工程来说，弹性和线黏弹性问题的确定性位移反分析法仍是目前发展较为完善、应用最为广泛的方法。

综上所述，地下洞室工程所面临的岩石力学问题是一个“数据有限”的问题，反分析方法的发展为我们在施工过程中反馈得到相关数据提供了一个有效的途径，于是动态施工与设计方法应运而生。

使用系统论的思想，将开挖结构的勘察、设计、施工三者视为相互依赖并又综合相成的一个整体系统，并做到信息化。对地下洞室工程采取勘测试验→理论计算预测→施工与支护→监测、变形量测→工程实践验证、预报→反分析→工程稳定性正分析→施工与支护→……环节，经过多层控制循环和反馈修正，完善开挖结构的设计与施工，这就是动态优化设计与施工的基本思想。

这种思想提出之后，立刻引起了人们的注意，许多学者进行了相应的研究。肖世国等人阐述了岩石高边坡的动态施工模式，指出在动态设计中，不断补充最新动态信息是动态设计施工中的重要环节。李洪斌等总结了在三峡永久船闸隔墩岩体加固中的动态设计思路，监测结果表明，隔墩整体及局部都处于稳定状态。余景顺等结合工程实践指出，对于高陡岩石边坡，除了在勘察设计阶段深入了解岩体结构情况外，在施工中还需适时进行动态设计与监测。叶伟峰等总结了三峡工程永久船闸高边坡系统锚杆动态设计的经验，指出经过以安全监测成果为基础的动态优化设计之后，在保持稳定的前提下，工程量明显减少。胡振瀛等在总结了目前地下工程中常用的 4 种设计方法之后，指出了动态设计在其中应起的作用。

在地下洞室工程中，支护设计是一项重要的内容。在动态施工与设计这种一体化的方法中，并不追求在施工前的设计阶段用“精确”的本构模型和准确的岩体力学参数来准确描述岩体的力学行为，而是通过施工过程中所监测到的实际位移的反馈分析来调整原有模型，逐步逼近真实的岩体力学行为，并实时对支护的效果进行动态评估，随时调整支护设计。这样的支护设计方法已在发达国家得到应用，如日本最大的抽水蓄能电站神流川电站的地下厂房开挖就利用排水洞在主厂房开挖以前将一些多点位移计布置在预定的厂房位置，从开挖开始，就对厂房围岩的变形进行实时监测，根据监测数据，利用施工现场的工作站进行反馈，随时调整开挖和支护方案。

动态施工和设计方法是一个系统工程，一方面，这一方法中反馈分析的结果为支护优化设计提供了很好的平台；另一方面支护优化设计的研究也为动态施工和设计方法的应用提供可靠的支持。目前，在这一方法的多个步骤中，支护优化设计是其中的瓶颈之一。

1.4.3 地下洞室支护设计的研究现状

国际隧道协会结构模型研究组于 1981 年提出报告，把目前各个国家用到的洞室结构设计模型分为 4 种类型：作用—反作用模型、连续介质模型、工程类比法（经验法）、收敛—约束法。

实际上，地下洞室支护设计方法是随着人们对岩石性质的认识不断加深以及岩石力学分析方法的不断改进而发展的。初期的岩石力学把围岩体作为荷载来对待，作用—反作用模型就是在这种背景下出现的，这种方法在 20 世纪 60—70 年代的设计计算中占主导地位，目前，这种方法在周围地层岩体与隧道刚度差别很大时仍然适用。

连续介质模型实际上是随着岩石力学的发展而不断发展起来的。在初始阶段，利用传统的弹塑性力学可以求得洞室开挖应力和位移的理论解，在此基础上，可以考察支护对于洞室围岩应力和变形的影响。这类方法的优点是理论比较完备，规律比较易懂，缺点在于模型比较简化，仅仅为支护设计提供了定性的概念。

随着人们对岩石力学行为的认识水平的提高以及各种分析方法的不断涌现，对岩体力学行为的模拟也越来越“精确”，连续介质模型也随之发展。支护设计进入了一个新的阶段（工程类比法）：对围岩进行评价和分类，用经验类方法初拟加固设计技术参数和加固方案，再用连续介质模型的分析类方法对围岩的稳定性进行分析、评判，在此基础上对支护方案进行修正。这类方法优点在于设计比较实用，同时也是目前为工程界所接受的方法，缺点在于设计调整过多依赖于经验性。

由于岩体性质的复杂性和现场地质勘探工作量的限制，地下洞室群围岩的力学行为和参数难以在开挖前得到准确的预测，各种支护措施对于原始岩体的加固作用也很难被准确的描述，因而在开挖前很难对支护加固的效果做出准确评估。目前支护设计仍然主要依靠经验类方法。

实际上，上述所述的支护设计方法仍然停留在假设—纠错的阶段，并不是真正意义上的优化设计。

随着神经网络等人工智能方法的逐渐成熟，基于对岩体的非线性本质更深刻的认识，智能岩石力学获得了很大的发展，把神经网络、遗传算法等人工智能方法引入支护设计优化，并与传统的有限元分析技术相结合，可以寻求模型意义下的支护全局最优解。这类方法的优点在于模型比较完整，并且有针对性，求得实用全局最优解的可能性比较大，缺点在于建模过程复杂，计算量大，并不能适时提供最优解。

殷露中、杨卫将均匀化方法引入支护拓扑优化，分别研究了以总柔顺度最小，减小帮鼓、底鼓，减小洞室总变形为目标函数，均质及分层地基条件下的单洞室最优支护拓扑，得到了许多有意义的支护规律。这类方法的优点在于建模比较容易，缺点在于其求解策略仍然沿用传统优化方法，容易陷入局部最优解，对于非线性问题，求解比较困难。

收敛—约束法借助于收敛量测数据的反分析，可以实现正确的信息反馈，用图像或数字显示各施工阶段中围岩和衬砌中的变形和应力情况，指出薄弱环节或强度的多余程度，用以采取措施确保安全，或调整设计节约材料。实际上，这一方法与动态设计的思路是一致的，它要求相应的支护设计方法具备最优性和适时性的特点，目前，这一领域的研究还比较初步，需要进一步深入探讨。

1.5 本书的主要工作

渐进结构优化方法是一种启发式的算法，许多经典的算例证明了这种方法具有较好的适应性，随着对这种方法的认识越来越深入，边界光滑、网格依赖、全局优化等问题都需要我们进一步研究和探讨，因此，研究满足实际工程需要的渐进结构优化方法是一件非常有意义的工作。

随着科技的发展，叠层复合材料被应用到越来越多的领域，开孔形状优化是解决复合材料孔周应力集中的主要手段之一，研究这一问题具有现实意义。

随着信息时代的到来，地下洞室工程动态施工与设计方法是一项非常有前途的技术，建立一种适时有效的支护优化设计的方法是非常有意义的。渐进结构优化方法的求解思路与洞室开挖有天然的切合点，其基本特点能很好地满足动态施工与设计的要求，但是，传统的渐进结构优化方法在以下方面还不能适应洞室支护优化的要求：现有的方法无法做到基于固定网格的双向渐进结构优化；缺乏与洞室支护相关的敏感度准则。

本书的基本目标是建立边界表述光滑的双向固定网格渐进结构优化方法，并用这种方法研究叠层复合材料板壳开孔形状优化问题，建立简单的评价洞室稳定的敏感度，研究地下洞室最优支护的基本规律。主要包括以下几个方面的内容。

（1）阐述渐进结构优化方法的基本原理、流程，推导几种考虑荷载变化的常用的优化准则，提出双向渐进结构优化方法中“振荡”问题的解决方法，把体积不变，控制开孔等技术综合到双向渐进结构优化方法中，研究重力坝最优基本断面以及单元删除引起的重力荷载变化对位移敏感度的影响。

（2）提出了一种新的边界光滑模式，建立了基于结点的 Tsai－Hill 强度准则，发展改进的固定网格渐进结构优化方法，并用这一方法研究叠层复合材料方板开孔形状优化问题，验证本书新的边界光滑模式的效果，同时也得到层合方板开孔形状优化的一些规律。

（3）提出统一敏感度的概念，并在此基础上发展一种新的增加材料的技术，提出双向固定网格渐进结构优化方法，并用这一方法研究具有工程意义的复合材料壳结构开孔形状优化问题，验证本书方法的适用性，得到复合材料壳结构最优开孔的一些规律。

（4）建立简单洞室线弹性有限元分析模型，引入几种简单洞室稳定评价的目标函数，推导相应的敏感度。通过对以卸荷产生的总应变能和防治底鼓、帮鼓为目标函数的最优支护的研究，验证本书方法的适用性。之后，建立锚固岩体等效力学模型，研究在等锚距条件下以控制洞室变形为目标函数的最优锚固深度分布，考察了不同目标函数、不同地应力、不同岩体性质、不同加固量、不同边界条件、软弱带等因素对最优锚固深度规律的影响，探讨简单洞室最优锚固深度的一些规律。然后在规定锚固范围和深度的条件下对锚固间距进行优化，并与不规定锚固区域同时考虑锚距优化和锚深优化的情况进行对比。

（5）以溪洛渡工程为例，探讨大型洞室群最优锚固支护的规律。建立模拟溪洛渡工程实际情况的材料分区线弹性有限元模型，以溪洛渡水电站地下厂房现有锚固方案为基础的等效支护模型作为初始支护，探讨主厂房、主变室和调压井以卸荷产生的总应变能为目标函数的最优锚固支护的一些规律；建立监测函数的概念，研究以典型监测函数为目标函数的最优锚固支护的规律。

第2章 渐进结构优化方法基本原理

在漫长的时光岁月中，世界上绝大多数生命体都发生着缓慢的改变，一些与环境不相适应的器官、构造慢慢地消失了，另外一些原本没有的结构变异而出，而那些不能适应环境变化的物种消失了，这就是自然界已经并且正在发生的生物进化过程。渐进结构优化方法的思想正是来源于生物的进化，顾名思义，所谓渐进结构优化就是指逐渐进化得到最优拓扑和形状。

自1993年渐进结构优化方法提出以来，许多学者进行了深入的研究，在传统的渐进结构优化方法基础上发展了双向渐进结构优化方法，固定网格渐进优化方法，优化准则也从最初的Mises应力准则扩展到频率、位移等各种不同的约束，优化域也从二维扩展到三维，但是这些方法的基本原理仍然是逐步去掉最不起作用的材料以得到最优拓扑和形状。

本章通过一些经典的例子阐述渐进结构优化方法的基本原理、流程，推导了几种常用的敏感度准则，研究了重力坝最优基本断面的问题，提出了体积不变的可控开孔时机的双向渐进结构优化方法，发展了一种解决“振荡”问题的简单技术。

2.1 渐进结构优化方法基本原理及特点讨论

渐进结构优化方法的基本原理是：预先选取结构设计域和初始域，给定结构所需满足的目标函数和约束条件，计算各部分材料对于目标函数和约束条件的贡献度，根据其贡献度大小，删除或者增加材料，循环这一过程，剩下的结构就是最优结构。

渐进结构优化方法基于一个基本假定：逐步删除无效的材料，剩下的结构便朝着更优的方向进化。研究表明，在大多数条件下这个基本假定是适用的，但是，在一些极端情况下，这个假定可能不适用，因此，不断扩展渐进结构优化方法的适用性是一个关键的热点问题。大量算例表明，渐进结构优化方法能应用于多层次优化领域，特别是在拓扑优化领域，它具有很大的优势。

实际上，渐进结构优化方法也可以按照传统结构优化方法的基本格式表述：以有限元单元存在与否作为设计变量，根据实际所需确定目标函数和约束条件，采用接近于最优化准则法（注意到传统渐进结构优化方法与满应力准则迭代格式的相似性）的仿生态学的寻优算法来求得最优解。它既可以是无梯度的（如等Mises应力准则），也可以是有梯度的（如位移约束准则）。

渐进结构优化方法有两个基本优点：容易理解和易于执行。渐进结构优化方法的物理概念简单，明确，易懂，容易被工程人员接受和理解，有利于实际应用。与其他和有限元结合的结构优化方法不同，渐进结构优化方法在优化过程中并不需要重新划分网格，因此，这种方法能较容易地与现有的商业有限元程序相结合。渐进结构优化的另外一个重要的优点是它的中间迭代过程的一系列解都是可行解，可以作为一个优化解的序列，为实际应用提供了多种选择。

传统的渐进结构优化方法也存在尚待解决的问题，比如网格敏感度问题、边界光滑问题、增加材料技术问题、工程应用问题，作者对这些问题进行了研究，本书将在以后的章节中逐步阐述。

2.2 传统渐进结构优化方法基本流程

如图 2.1 所示，传统渐进结构优化方法的基本流程如下：

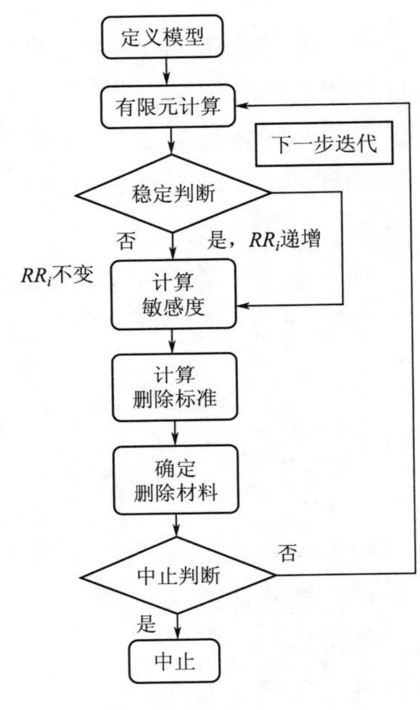

图 2.1 传统渐进结构优化方法的基本流程图

(1) 设定包括可能的结构最大的设计域。施加相关的荷载和约束条件，单元属性。

(2) 如果本次迭代中没有单元被删除，就表示第 k 个稳定状态达到，则

$$RR_i = RR^{(k+1)} = RR^{(k)} + ER = RR_{i-1} + ER \tag{2.1}$$

式中 RR_i——第 i 个迭代步的比例因子；

$RR^{(k+1)}$——第 $k+1$ 个稳定步的比例因子；

$RR^{(k)}$——第 k 个稳定步的比例因子；

ER——预先设定的比例因子递增常数。

式 (2.1) 表示按照第 k 个稳定步的比例因子将无法继续删除单元，必须进入下一个稳定步，即：稳定步数+1，同时比例因子递增。

如果有单元被删除，则表示该次迭代还未达到稳定状态，则

$$RR_i = RR^{(k)} = RR_{i-1} \tag{2.2}$$

式 (2.2) 表示按照第 k 个稳定步的比例因子还可以继续删除单元，还未达到第 k 个稳定步的稳定状态，下一次迭代时的比例因子保持不变。

(3) 进行线弹性有限元分析。

(4) 计算每个单元的敏感度。在渐进结构优化方法中，敏感度的定义就是单元是否存在对所设定的目标函数的贡献度。以传统的满 Mises 应力结构的目标为例，敏感度就是单元的 Mises 应力：

$$\alpha_{i,e} = \sigma_e^{VM} = \sqrt{\sigma_x^2 + \sigma_y^2 - \sigma_x\sigma_y + 3\tau_{xy}^2} \tag{2.3}$$

(5) 根据整个结构所有单元的敏感度大小以及当前的比例因子计算删除标准，遍历计算所有单元的敏感度，如果这个单元敏感度小于删除标准，那么这个单元就是本次迭代需要删除的单元。以传统的满应力敏感度为例，删除标准见式 (2.4)：

$$\alpha_{del} = \sigma_{del}^{VM} = RR_i \sigma_{max}^{VM} \tag{2.4}$$

式中 σ_{max}^{VM}——结构内单元最大的 Mises 应力；

RR_i——当前步的比例因子。

(6) 循环 (2)～(5) 步，直到达到预先设定的目标，程序中止。以满应力准则为例，中止条件为

$$\sigma_{\min}^{VM} \geqslant RR_{\text{pre}} \sigma_{\max}^{VM} \tag{2.5}$$

式中　RR_{pre}——预先设定的中止参数。

2.3　几个常用的渐进结构优化方法敏感度

迄今为止，渐进结构优化方法已经发展了应变能、位移、应力、频率、屈曲、热力学等多种优化准则，本书仅介绍几种常用的敏感度。

2.3.1　满 Mises 应力敏感度

如上节所述，如果优化的目标函数是满 Mises 应力结构，那么满应力结构的敏感度见式 (2.3)。

2.3.2　刚度敏感度

刚度是许多结构如桥梁等在设计时的主要考虑因素之一，刚度最大常常是结构优化的目标，刚度最大等价于总柔顺度最小。显然，不同位置的单元对于结构刚度的影响是不同的，其敏感度取决于结构的荷载、约束条件等，在结构渐进优化方法中，敏感度计算是很重要的一环。刚度敏感度的推导过程如下所示。

在有限元系统中，静力方程可以表达为

$$[K]\{u\}=\{P\} \tag{2.6}$$

式中　$[K]$——系统的总体刚度矩阵；

$\{u\}$——系统的总体节点位移向量；

$\{P\}$——系统的节点荷载向量。

系统总的应变能定义如下

$$C=\frac{1}{2}\{P\}^T\{u\} \tag{2.7}$$

一般来说，系统总的应变能是系统总体刚度的逆函数，可以作为系统总体刚度的评价指标。

考虑第 i 个单元从有限元系统中移走，则因此产生的系统总体刚度变化为

$$[\Delta K]=[K^*]-[K]=-[K^i] \tag{2.8}$$

式中　$[K^*]$——第 i 个单元移走后的系统总体刚度矩阵；

$[K^i]$——第 i 个单元的刚度矩阵。

第 i 个单元移走后的有限元方程为

$$([K]+[\Delta K])(\{u\}+\{\Delta u\})=\{P\}+\{\Delta P\} \tag{2.9}$$

式中　$\{\Delta u\}$——由于第 i 个单元的移走而产生的节点位移变化向量；

$\{\Delta P\}$——由此产生的荷载变化向量。

将式 (2.9)、式 (2.6) 相减为

$$[K]\{\Delta u\}+[\Delta K]\{u\}+[\Delta K]\{\Delta u\}=\{\Delta P\} \tag{2.10}$$

略去高阶项，得

$$\{\Delta u\}=[K]^{-1}(\{\Delta P\}-[\Delta K]\{u\}) \tag{2.11}$$

在很多情况下，移走第 i 个单元并不改变荷载向量，因此位移变化向量为

$$\{\Delta u\}=-[K]^{-1}[\Delta K]\{u\} \tag{2.12}$$

由式（2.7）、式（2.12）计算由于第 i 个单元移走而产生的应变能变化，并略去高阶项为

$$\{\Delta C\}\approx\frac{1}{2}\{P\}^T\{\Delta u\}+\frac{1}{2}\{\Delta P\}^T\{u\} \tag{2.13}$$

如果 $\{\Delta P\}=0$，那么式（2.13）为

$$\{\Delta C\}=-\frac{1}{2}\{P\}^T[K]^{-1}[\Delta K]\{u\}=\frac{1}{2}\{u^i\}^T[K^i]\{u^i\} \tag{2.14}$$

式中　$\{u^i\}$——第 i 个单元的位移向量。

这样，通常情况下，我们定义第 i 个单元的刚度约束敏感度为

$$\alpha_{i,e}=\frac{1}{2}\{u^i\}^T[K^i]\{u^i\} \tag{2.15}$$

2.3.3　位移约束敏感度

在很多情况下我们关心指定位置的位移，比如简支梁中点的挠度。因此，减小指定点的位移常常也是我们追求的目标函数，即

$$|u_j|\leqslant u_j^* \tag{2.16}$$

式中　u_j^*——$|u_j|$ 预先假定的限度。

下面推导单点和多点位移约束的敏感度。本书引入一个定位荷载向量 $\{F^j\}$，这个向量在第 j 个自由度的分量为 1，其余的分量均为 0。由于单元移走而造成的第 j 个自由度的位移变化为

$$\Delta u_j=\{F^j\}^T\{\Delta u\} \tag{2.17}$$

将式（2.11）代入得

$$\begin{aligned}\alpha_{i,e}&=\Delta u_j=\{u^j\}^T(\{\Delta P\}-[\Delta K]\{u\})\\&=\{u^j\}^T\{\Delta P\}+\{u^{ij}\}^T[K^i]\{u^i\}\end{aligned} \tag{2.18}$$

式中　$\{u^j\}$——在结构上施加荷载 $\{F^j\}$ 所产生的位移向量，$\{u^j\}=[K]^{-1}\{F^j\}$；

　　$\{u^{ij}\}$——因此产生的第 i 个单元的位移向量。

考虑 $\{\Delta P\}=0$ 的情况，敏感度为

$$\alpha_{i,e}=\Delta u_j=-\{u^j\}^T[\Delta K]\{u\}=\{u^{ij}\}^T[K^i]\{u^i\} \tag{2.19}$$

在很多情况下，我们仅仅关心两点之间的相对位移，比如地下洞室开挖中，衡量底鼓的量就是底板中点相对于脚点的位移。相对位移要求表示为

$$|u_j-u_k|\leqslant\delta_{jk}^* \tag{2.20}$$

为简单起见，只考虑 $\{\Delta P\}=0$ 的情况，类似于上述式（2.17）、式（2.19）的推导，

由于第 i 个单元移走而引起的相对位移变化为

$$\alpha_{i,e}=\Delta(u_j-u_k)=(\{u^{ij}\}^T-\{u^{ik}\}^T)[K^i]\{u^i\}$$
$$=\{\delta_{jk}^i\}^T[K^i]\{u^i\} \tag{2.21}$$

与式（2.18）一样，$\{u^{ij}\}$、$\{u^{ik}\}$ 分别表示在结构上施加荷载 $\{F^j\}$ 和 $\{F^k\}$ 所产生的第 i 个单元的位移向量，考虑到有限元线弹性分析的性质，$\{\delta_{jk}^i\}=\{u^{ij}\}-\{u^{ik}\}$ 可以理解为在结构上施加荷载 $\{F^{jk}\}$ 所产生的第 i 个单元的位移向量，$\{F^{jk}\}$ 中第 j 个分量是 1，第 k 个分量是 −1，其他分量为 0。

在一些情况下，人们往往关心多点位移，比如地下洞室开挖中，不仅仅关心底鼓，也关心帮鼓，即边墙相对于脚点的位移。多点位移要求表示为

$$|u_j|\leqslant u_j^*, j=1,m \tag{2.22}$$

式中　m——所关心的位移数。

可以有多种方法处理多点位移情况，比如 Lagrangiagn 乘子方法。本书采用一种简单的加权平均方法，加权平均敏感度为

$$\alpha_{i,e}=\sum_{j=1}^{m}\lambda_j\alpha_{ij,e} \tag{2.23}$$

$$\lambda_j=|u_j|/u_j^*, j=1,m \tag{2.24}$$

式中　λ_j——第 j 个自由度的加权系数；

$\alpha_{ij,e}$——第 j 个自由度的敏感度。

2.4　几个经典的例子

为了直观地讨论传统的渐进结构优化方法的基本原理和特点，本节研究了几个经典的结构优化的例子。

2.4.1　Michell 桁架

Michell 桁架是结构优化领域一个经典的算例，其初始模型如图 2.2 所示，优化初始域为 $2H\times H$ 的方板，两个脚点固定约束，底部中点施加单点荷载。其满应力桁架理论解如图 2.3 所示。方板划分为 50×25 的网格，$RR_0=0$，$ER=0.005$。按照 2.2 节所述的满 Mises 应力准则的传统 ESO 方法进行优化。图 2.4 和图 2.5 分别是第 20 稳定步和第 40 稳定步的最优拓扑，从两图中可以看出，渐进结构优化方法得到的最优拓扑与理论解比较相似，说明了渐进结构优化方法的有效性。最优解的边界为阶梯状，说明了传统渐进结构优化方法的一个缺点。

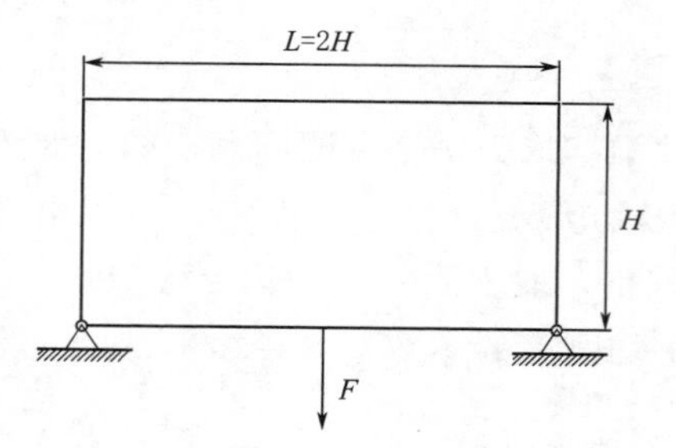

图 2.2　Michell 桁架初始模型示意图

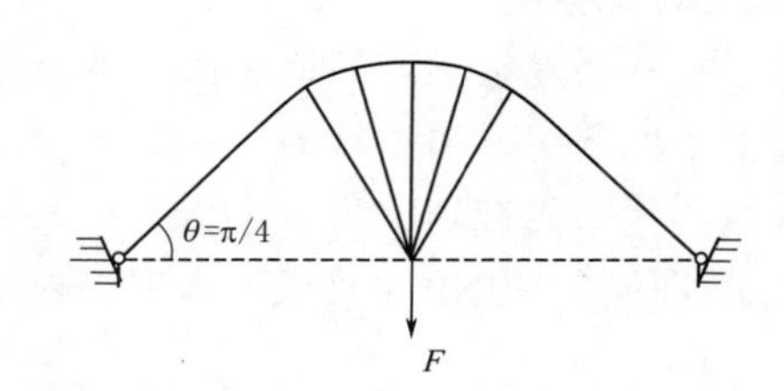

图 2.3　Michell 桁架最优拓扑理论解

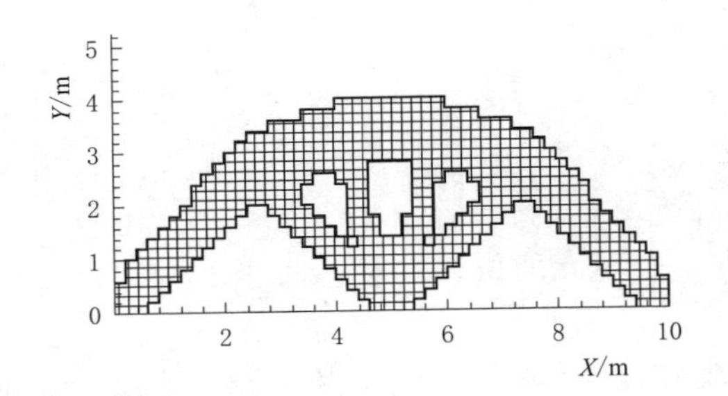

图 2.4 第 20 稳定步最优拓扑

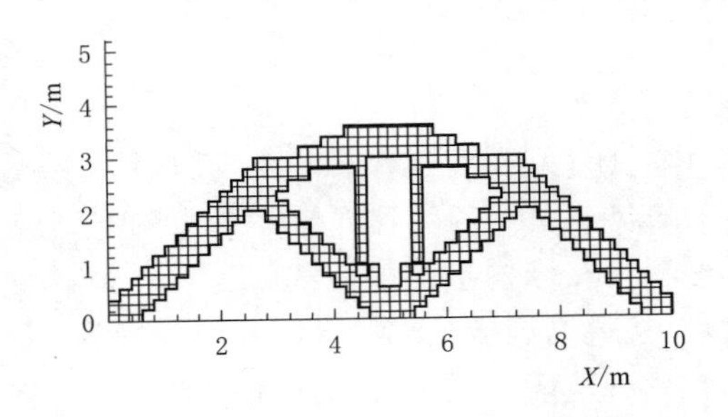

图 2.5 第 40 稳定步最优拓扑

2.4.2 等表面应力结构

图 2.6 为 1 个形状优化的例子。初始域模型为一个边长为 0.1m 的方形板，划分为 100×100 的单元，在上部中间开出两条宽度为一个单元的缝以及宽度为两个单元的悬挂线，缝长为 24 个单元，开缝位置如图 2.6 所示。在该模型上施加重力荷载，悬挂线顶部施加法向约束。

这个例子的优化目标是优化边界形状，以得到等表面应力。考虑到这个例子的目标，在本例子优化过程中，只删除边界的单元，称为“细啃”渐进结构优化方法。按照 2.2 节所述的传统渐进结构优化方法进行优化，取 $RR_0=0$，$ER=0.02$。图 2.7 为最优形状结果，最优形状类似于苹果状，表征了渐进结构优化方法的仿生学的特点。

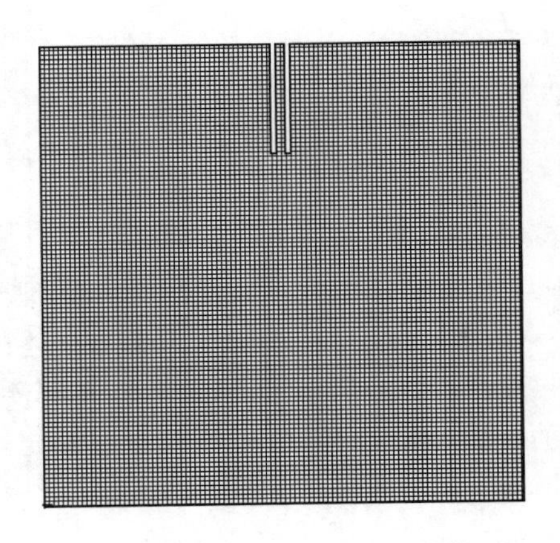

图 2.6 满表面应力结构初始模型

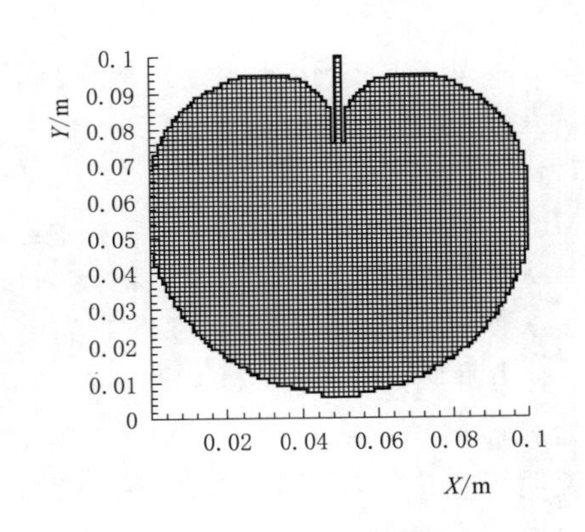

图 2.7 满表面应力最优形状

2.4.3 悬臂梁结构

为了考察刚度敏感度的适用性，本书选用悬臂梁结构为例来说明问题。图 2.8 为悬臂梁结构初始模型图。初始域为 1 块 16m×10m 的长方形板，板左侧固定，右侧中部施加均匀荷载。把初始域划分为 64m×40m 的正方形网格，取 $RR_0=0$，$ER=0.01$。

为了评估拓扑优化的效果，本书引入了系统平均刚度的参数：

$$PI_i=\frac{C_0V_0}{C_iV_i} \tag{2.25}$$

式中　C_0——最初拓扑的总应变能；

C_i——第 i 步的总应变能；

V_0——最初拓扑的体积；

V_i——第 i 步的体积。

图 2.9 为平均刚度最大时的最优拓扑，最优拓扑与理论解相似。从最优拓扑可以看出，传统的渐进结构拓扑优化方法得到的结果存在明显的“棋盘”格式。图 2.10 是系统平均刚度的进化过程，从图中可以看出，从优化开始，结构的平均刚度一直增加，直到达到一个最大值，然后呈下降趋势。图中表明，第 54 迭代步时，平均刚度最大。

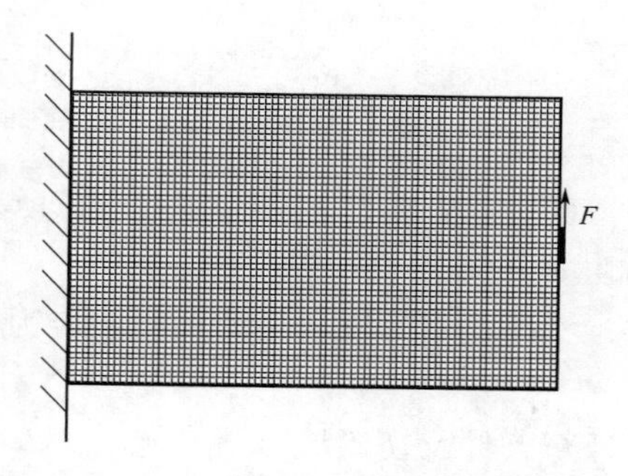

图 2.8　悬臂梁结构初始模型图

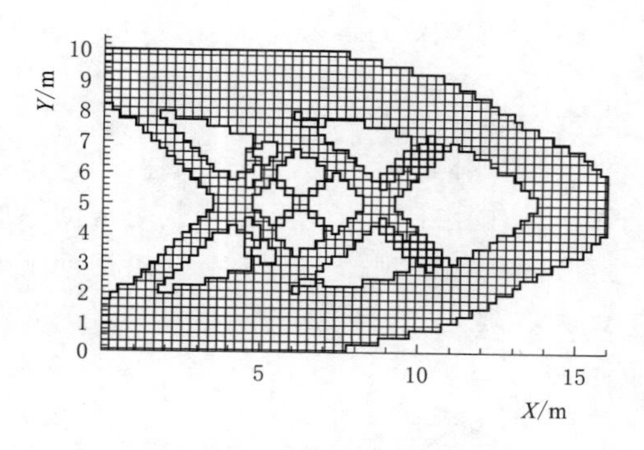

图 2.9　悬臂梁结构最优拓扑图

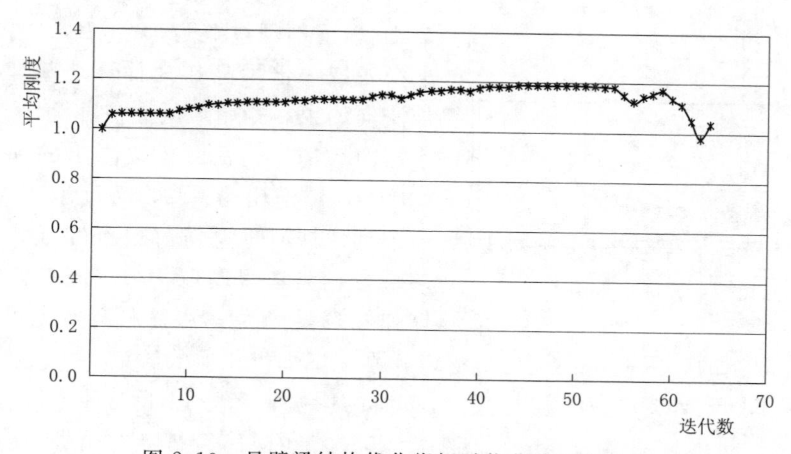

图 2.10　悬臂梁结构优化指标随优化进程变化图

2.5　重力坝基本断面形状优化

本节研究重力坝基本断面形状优化，以考虑荷载变化对位移约束敏感度的影响。

重力坝的强度和稳定性主要靠坝的重量来保证，而坝的重量主要取决于坝的形状和尺寸。重力坝的基本断面是一项重要的设计内容。一般设计过程中，习惯上选取重力坝的基本断面为三角形，但是，对于这样选取的理由并没有做出说明。

本书利用只优化边界的“细啃”渐进结构优化方法，考虑坝顶位移约束，以重力坝稳定和应力约束条件作为中止条件，研究重力坝基本断面形状优化。

如 2.3 节所述，考虑坝顶位移约束的敏感度为

$$\alpha_{i,e}=\{u^{\mathrm{top}}\}^{T}\{\Delta P\}+\{u^{i,\mathrm{top}}\}^{T}[K^{i}]\{u^{i}\} \tag{2.26}$$

式中 $\{u^{\mathrm{top}}\}$——在坝顶施加顺河向单位荷载产生的位移向量；

$\{u^{i,\mathrm{top}}\}$——因此产生的第 i 个单元的位移向量；

$\{\Delta P\}$——因为移走单元而产生的荷载变化，即单元内重力荷载。

根据相应的规范，稳定约束的抗剪强度公式为

$$K=f\,\frac{\sum W}{\sum F} \tag{2.27}$$

式中 K——坝基面抗滑稳定安全系数；

f——坝体混凝土与坝基接触面的抗剪摩擦系数；

$\sum W$——作用于坝体上全部荷载对滑动平面的法向分量；

$\sum F$——作用于坝体上全部荷载对滑动平面的切向分量。

考虑到有限元应力计算的网格敏感性，本书选取离坝踵 3% 坝高处的混凝土应力值作为约束条件。

2.5.1 计算条件及初始域

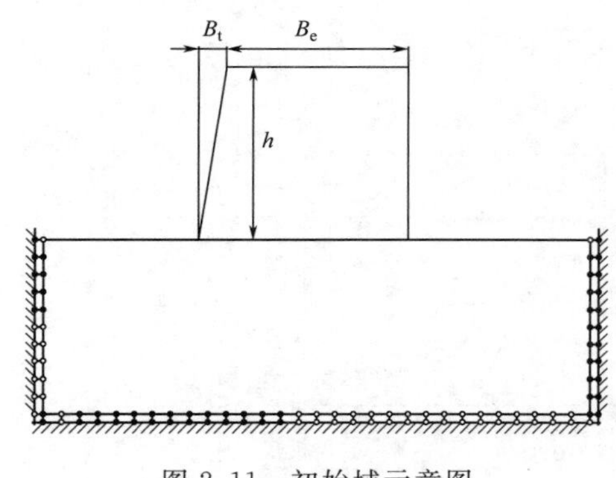

图 2.11 初始域示意图

如图 2.11 所示为重力坝断面优化的初始域。初始坝块为梯形，高度为 h，上部坝块宽为 B_2，下部坝块宽为 B_1+B_2。沿宽度和高度方向各取一倍坝高作为计算地基。在地基上施加法向约束，初始域周边位移为零。施加重力、水压力、扬压力荷载。混凝土的弹性模量取为 20GPa，泊松比为 0.2，密度取为 2400kg/m^3。考虑到建坝时地基沉降已经完成，不考虑地基的重力，地基密度取为 0。地基弹性模量与坝体弹性模量取为一致。在实际工程中，坝顶的宽度是有一定限制的，因此，在优化过程中，本书增加了相应的约束。

为了考察不同条件对重力坝最优基本断面的影响，考虑以下几种工况：① $B_1=0$，$B_2=h=100$m，网格密度为 2.5m×2.5m；② $B_1=0$，$B_2=h=100$m，坝体网格取为 5m×5m；③ $B_1=0$，$B_2=1.5h=150$m；④ $B_1=0$，$B_2=h=200$m；⑤ $B_1=0.1h=10$m，$B_2=h=100$m。第 3、第 4、第 5 种工况的坝体网格都取为 2.5m×2.5m。

本书中取坝基面抗滑稳定安全系数为 1.1，抗拉应力安全系数取为 2.5，容许拉应力取为 0.5MPa。

2.5.2 计算结果分析

图 2.12～图 2.16 分别是达到稳定或应力安全中止条件时的重力坝最优基本断面，坝踵处为坐标原点，顺河向方向为 X 向，竖直方向为 Y 向。

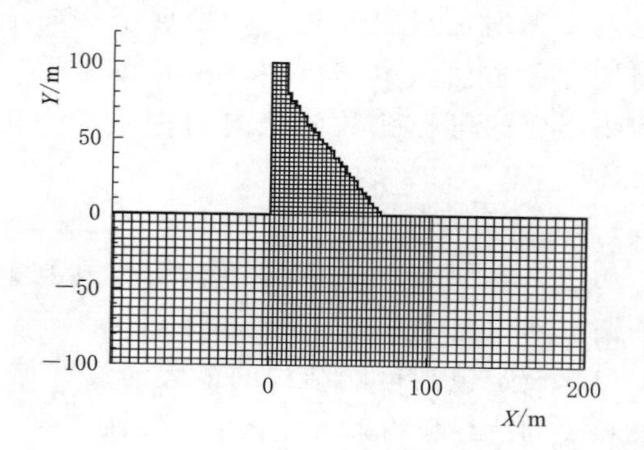

图 2.12　工况 1 最优基本断面

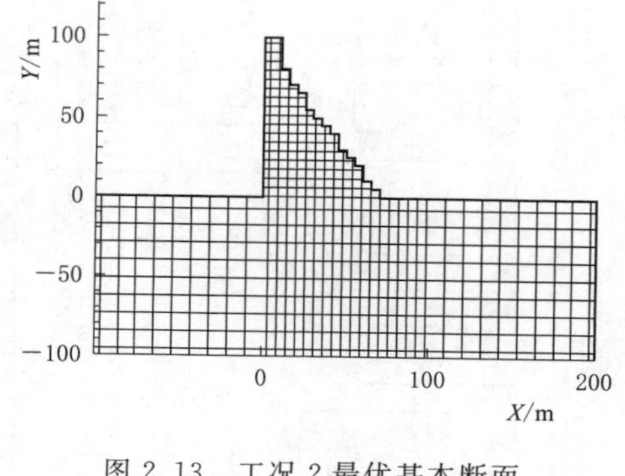

图 2.13　工况 2 最优基本断面

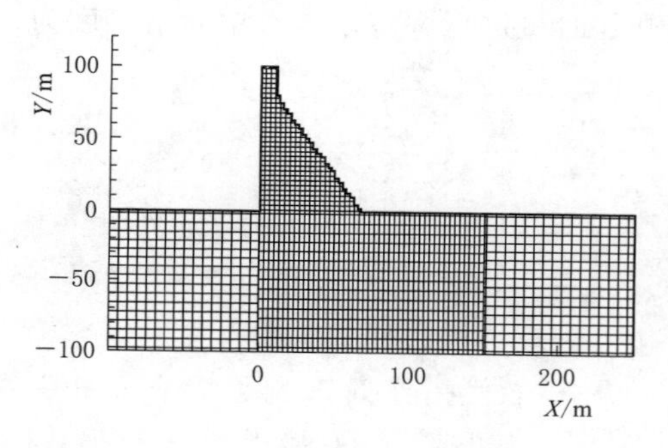

图 2.14　工况 3 最优基本断面

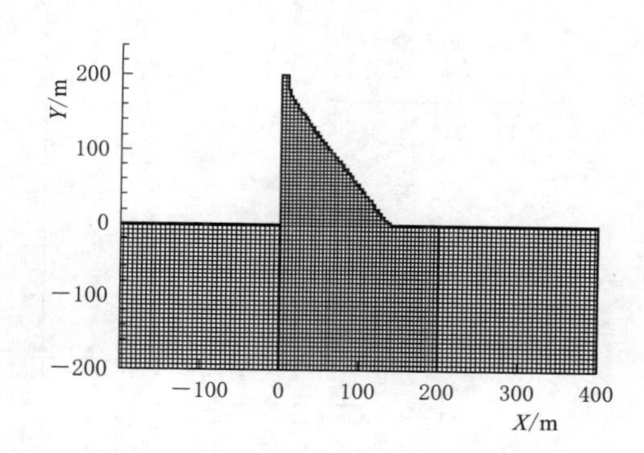

图 2.15　工况 4 最优基本断面

在上述 5 种工况下，最优形状是三角形断面。这一结果表明了三角形基本断面是重力坝在重力水压扬压力基本荷载作用下使得坝顶位移最小的坝形。工况 1 与工况 5 的情况说明：当上游坝坡比不为零的时候，重力坝最优剖面仍然是三角形，所不同的是下游边坡显著降低了，这也符合我们的一般概念。

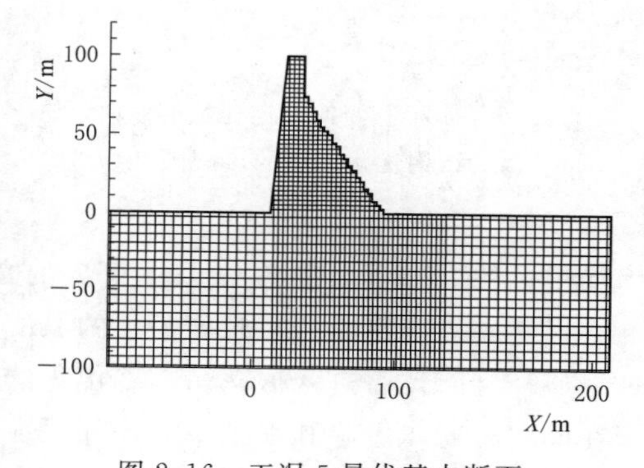

图 2.16　工况 5 最优基本断面

本书用不考虑单元删除引起的荷载变化的敏感度作为指标进行优化，所得到的结果与图 2.12～图 2.16 的结果完全一致。这验证了包含荷载变化的位移约束敏感度分析的适用性，同时也说明在以重力为基本荷载的环境中，由于单元删除引起的重力荷载的改变不足以影响敏感度的相对大小。

2.6　体积不变的可控孔数的双向渐进结构优化方法

为了解决传统渐进结构优化方法的最优拓扑棋盘格式和网格敏感度问题，H. Kim 等人引入一个控制开孔时机的参数，发展了可控开孔数的渐进结构优化方法。Querin 等人

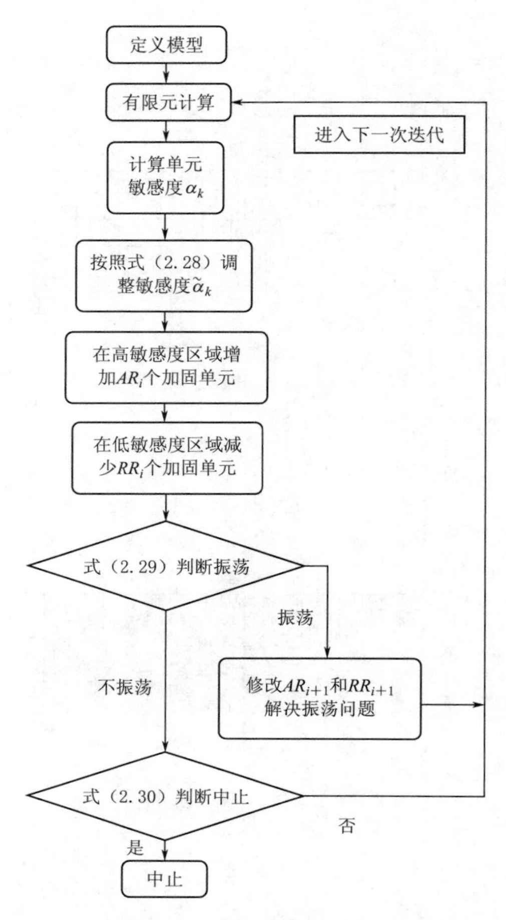

图 2.17　体积不变的可控孔数的双向渐进结构优化方法的流程图

提出了一种增加材料的技术，发展了双向渐进结构优化方法。本书借用这一技术，发展了体积不变的可控孔数的双向渐进结构优化方法。

2.6.1　方法流程

如图 2.17 所示，体积不变的可控孔数的双向渐进结构优化方法的流程如下：

（1）设定包括可能结构的最大的设计域。施加相关的荷载和约束条件，单元属性。

（2）进行线弹性有限元分析。

计算结构内所有单元的敏感度 α_k。为了对新开孔时机进行调整，调整单元敏感度为

$$\begin{cases}\tilde{\alpha}_k=c(\alpha_k-\alpha_{\min}),\ k\in C_B\\ \tilde{\alpha}_k=(\alpha_k-\alpha_{\min}),\quad k\in C_{N-B}\end{cases}\tag{2.28}$$

式中　C_B——结构内所有边界单元的集合；

C_{N-B}——结构内所有非边界单元的集合；

c——控制开孔时机的参数，它对最优拓扑的影响可以查阅相关的文献。c 取接近于 0 的小数时，优化路径就成为了只优化边界的“细啃”ESO，$c=1$ 时，就变成了传统的 ESO 方法。

（3）根据调整后的单元敏感度 $\tilde{\alpha}_k$ 排序。

（4）在敏感度最高的单元周围增加单元，直到增加的单元数等于预先设定的常数 AR_i，增加单元的方式可以参考 Qurien 等人的文献，注意需要考虑结构对称性的要求。

（5）去掉调整后的敏感度最小的 AR_i 个单元。

（6）判断是否进入振荡。随着优化的进行，目标函数会逐渐降低，最后趋于平稳。由于在同一时间步删除和增加单元，如果在这一步删除的单元在下一步重新进入结构，那么目标函数值就会出现“振荡”现象，判断“振荡”现象的方程为

$$\phi_i=\phi_{i-p},p<i\tag{2.29}$$

式中　ϕ_i——第 i 步计算的目标函数值。

如果进入“振荡”，则用下述两种方法解决“振荡”问题。

方法一：在下一迭代步设定 $AR_{i+1}=2AR_i$，$RR_{i+1}=2AR_i$。

方法二：在下一个迭代步设定 $AR_{i+1}=AR_i$，$RR_{i+1}=0$，AR_{i+1}需要考虑对称性的要求；设定 $RR_{i+2}=AR_{i+1}$，$AR_{i+2}=0$，以保证经过两次迭代之后，结构内单元数不变。

针对具体问题，通过数值试验确定采用何种方法解决“振荡”问题。经过上述方法对优化路径的扰动之后，“振荡”现象会消失，目标函数值会重新下降。由此，进入第 $i+1$ 次迭代。

如果式（2.29）不成立，则说明优化进程没有明显的“振荡”现象。

（7）根据式（2.30）判断程序是否中止：

$$\phi_{i-p+1} \geqslant \phi_{i-m}, p=1,\cdots,m \tag{2.30}$$

如果式（2.30）成立，说明 ϕ_{i-m} 即为最小目标函数值，第 $i-m$ 步的拓扑就是最优拓扑，程序中止；否则，进入第 $i+1$ 次迭代。本书中 m 取 10。本书借用 Reynolds 文中材料进化迁移的例子来说明本书方法的有效性。

2.6.2　算例 1

如图 2.18 所示为算例 1 的最大设计域和初始设计拓扑。最大设计域为 1 块 $H\times 2.4H$ 的长方形板，左侧固定，右侧中点施加单点荷载 F。考虑刚度约束。设计域划分为 48×20 的网格。取 $AR=4$，考虑 $c=1$ 和 $c=0.8$ 两种工况。从图中可以看出，最优拓扑与初始拓扑的面积一样。如图 2.18（b）所示，当内部有开孔时，理论解为两根杆组成的桁架结构，本书解与理论解相似；如图 2.18（c）所示，当内部没有开孔时，最优形状的理论解为二次曲线，本书解与理论解相似。这一算例阐述了本书双向 ESO 方法可以通过调整不同的 c 值来调整开孔数。

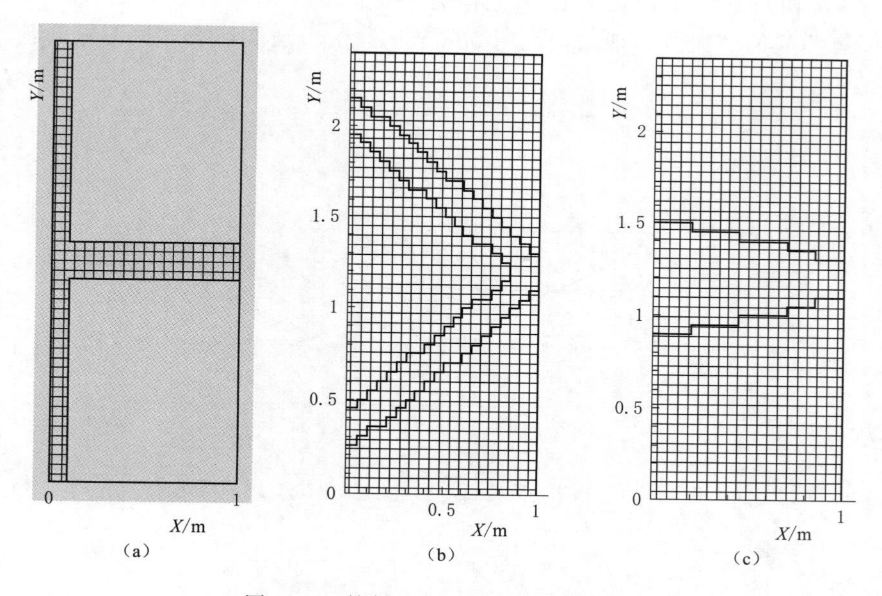

图 2.18　算例 1 初始拓扑和最优拓扑

（a）初始拓扑；（b）$c=1$ 时最优拓扑；（c）$c=0.8$ 时最优拓扑

2.6.3　算例 2

如图 2.19 所示为算例 2 的最大设计域和初始设计拓扑。最大设计域是一块 $2H\times H$ 的长方形板，两个脚点固定，底板中点施加一个点荷载 F。考虑刚度约束。最大设计域划分为 40×20 个单元。取 $AR=4$，考虑 $c=1$。从图中可以看出，最优拓扑与 Reynolds 文中的结果相似。本节定义相对总应变能的概念，如下：

$$F_{IIi}=\frac{C_i}{C_0} \tag{2.31}$$

式中 C_0——最初拓扑的总应变能；

C_i——第 i 步的总应变能。

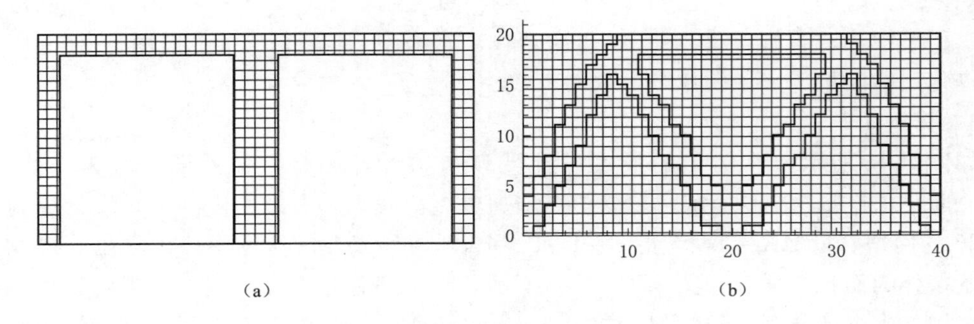

图 2.19 算例 2 初始拓扑和最优拓扑

(a) 初始拓扑；(b) $c=1$ 时最优拓扑

图 2.20 是相对总应变能随着进化过程的历程曲线，从中可以看出在第 115 步～第 120 步之间有明显的“振荡”现象，运用 2.6 节所述的方法能解决“振荡”问题。

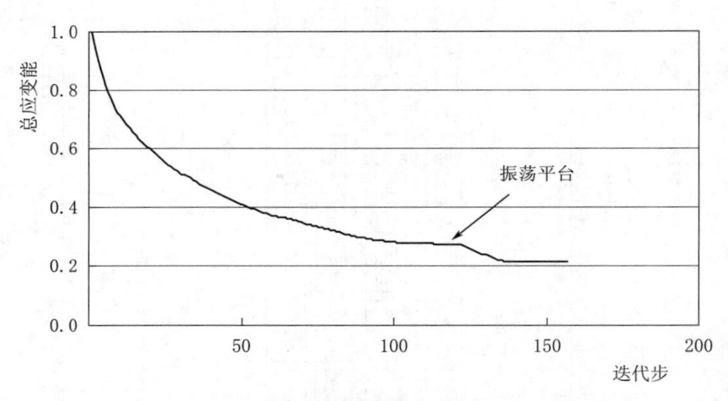

图 2.20 算例 2 相对总应变能随优化步变化曲线图

2.7 小结

本章主要内容如下：

(1) 回顾了传统渐进结构优化方法的基本原理及常用准则，并通过简单算例说明了渐进结构优化方法的主要优点：概念简单和易于执行。算例的结果也表明了传统渐进结构优化方法中尚需要解决的问题：网格敏感度与棋盘格式问题、边界光滑度问题。

（2）运用“细啃”渐进结构优化方法研究了重力坝基本断面形状优化，结果表明了三角形基本断面是重力坝在重力、水压、扬压力基本荷载作用下使得坝顶位移最小的坝形，算例说明了在只有重力或者与重力相当的荷载条件下，单元删除引起的荷载变化造成的敏感度相对大小的变化不足以改变优化的进程。

（3）提出了体积不变可控开孔数的双向渐进结构优化方法，基本算例表明：本书方法保持体积不变，使得优化效果更加直观；通过引入控制开孔时机的参数，能有效控制开孔数目，减少网格尺寸对于结果的影响；通过运用简单的优化路径调整方法较好地解决了迭代过程中的“振荡”问题。

第3章　改进的固定网格渐进结构优化方法及其应用

在渐进结构优化方法研究中，边界光滑问题一直是备受关注的主要内容之一。固定网格有限元分析技术在结构分析中不需要重分网格和在边界光滑处理上的优势，固定网格有限元分析技术首先被用来考虑模拟域内物理属性随时间改变的问题。Garcia等人把这一技术与数学规划方法相结合应用到形状优化中，在他们的工作中，边界用B样条函数来模拟。Kim等人把固定网格有限元分析技术引入渐进结构优化，求解了一系列简单的拓扑优化问题。本书在原有方法的基础上提出了一种新的边界光滑模式，新的边界光滑技术比原有方法的边界处理技术更好。本书还把固定网格渐进结构优化方法从各向同性材料扩展到各向异性材料和复合材料领域。

固定网格渐进结构优化方法的基本原理与传统的渐进结构优化方法一样，仍然是逐步移走最不起作用的材料进化得到最优拓扑和形状。与传统渐进结构优化方法的差别在于：固定网格渐进结构优化方法的有限元计算模型与几何模型分离，并建立了相应的对应关系，而传统渐进结构优化方法中的计算模型与几何模型是统一的；固定网格渐进结构优化方法以单元的面积比作为设计变量，因而每次迭代能删除任意面积的材料，其边界表述几乎是光滑的，而传统渐进结构优化方法以单元是否保留作为设计变量，每次迭代只能删除若干个单元的材料，其边界表述是锯齿状的；固定网格渐进结构优化使用结点的敏感度作为删除标准，而传统渐进结构优化方法以单元的敏感度作为删除标准。

本书提出了一种新的边界光滑模式，发展了控制开孔时机的固定网格渐进结构优化方法，并用这一方法研究了叠层复合材料方板开孔形状优化问题。

3.1　节点敏感度

与传统渐进结构优化方法不同，固定网格渐进结构优化方法需要节点的敏感度来确定材料的移走和增加。在第2章中，推导了几种常见的单元敏感度，其中包括基于应力的Mises应力敏感度，也包括基于位移的刚度敏感度，位移敏感度。本节介绍文中用到的基于应力的设计Tsai-Hill值强度准则节点敏感度和基于位移的节点敏感度的推导。

3.1.1　Tsai-Hill值强度准则节点敏感度

从材料完整度和材料使用效率的观点来看，希望得到一个等强度的边界。而复合材料中每一层材料的强度是不同的，因此，有必要建立一种准则来评估复合材料方板的失效。本书按照Tsai-Hill强度准则计算每一分层的Tsai-Hill值。在平面应力有限元系统中，第i节点第l分层的Tsai-Hill值计算如下：

$$\vartheta_{j,l}=\left(\frac{\sigma_x}{X}\right)^2-\frac{\sigma_x\sigma_y}{X^2}+\left(\frac{\sigma_y}{Y}\right)^2+\left(\frac{\tau_{xy}}{S}\right)^2,(l=1,2,\cdots,M) \quad (3.1)$$

式中 $\vartheta_{j,l}$——第 j 节点第 l 分层的 Tsai - Hill 值，为无量纲值；

M——复合材料方板的总层数；

j——有限单元的节点号；

σ_x，σ_y，τ_{xy}——x，y 平面内的正应力和剪应力；

X，Y，S——相应的失效强度。

显然，对于每一个节点，有最大 Tsai - Hill 值的层有最大的失效风险，称为第一层失效准则。因此节点 j 的敏感度，即节点 j 的设计 Tsai - Hill 值为

$$\alpha_{j,n}=\vartheta_j=\max_l(\vartheta_{j,l}) \quad (3.2)$$

式中 ϑ_j——该迭代步第 j 节点的设计 Tsai - Hill 值。

固定网格渐进结构优化方法的基本思想是，从设计域内逐渐移走最不起作用的单元，以得到尽可能统一的设计 Tsai - Hill 值的开孔边界。与传统的渐进结构优化方法一样，当前步材料的删除标准 α_{del} 为

$$\alpha_{\text{del}}=\hat{\vartheta}=\bar{\vartheta}RR^{(k)}=\left(\frac{1}{n}\sum_{j=1}^{n}\vartheta_j\right)RR^{(k)} \quad (3.3)$$

式中 $\bar{\vartheta}$——当前迭代步所有节点的设计 Tsai - Hill 值的平均值；

n——设计域内节点数；

$RR^{(k)}$——第 k 稳定步的比例因子；

$\hat{\vartheta}$——$\bar{\vartheta}$ 乘以比例因子，作为当前步的删除标准。

对于形状优化来说，在新边界的所有候选节点的设计 Tsai - Hill 值 ϑ_j（$j=1,\cdots,n$）都与删除标准比较以决定这个节点是否被退化出结构。通过这种方式，边界会进化到最优解，所有边界节点的设计 Tsai - Hill 值会变得越来越统一。为了监测和评估这种变化，本书提出了一种表示孔周最大设计 Tsai - Hill 值与最小设计 Tsai - Hill 值差别的规一化的应力差别函数：

$$f^{(k)}=\left|\frac{\vartheta_{\max}^{(k)}-\vartheta_{\min}^{(k)}}{\vartheta_{\max}^{(0)}-\vartheta_{\min}^{(0)}}\right| \quad (3.4)$$

式中 $\vartheta_{\max}^{(k)}$，$\vartheta_{\min}^{(k)}$——第 k 步的孔周节点最大设计 Tsai - Hill 值与最小设计 Tsai - Hill 值；

$\vartheta_{\max}^{(0)}$，$\vartheta_{\min}^{(0)}$——第1步的孔周节点最大设计 Tsai - Hill 值与最小设计 Tsai - Hill 值。

3.1.2 基于位移的节点敏感度推导

对于基于应力的节点敏感度，可以很方便地由节点应力求得。而对于基于位移的敏感度，就必须先求取单元敏感度，再把单元敏感度均化到节点上。

第 j 个节点的敏感度为

$$\alpha_{j,n}=\frac{1}{n}\sum_{i=1}^{n}\alpha_{i,e},i\in C_{\text{near}} \quad (3.5)$$

式中 C_{near}——所有与节点 j 相邻的单元编号集合；

n——它们的数目；

$\alpha_{i,e}$——第 i 个单元的敏感度，具体计算方法如第 2 章所述。

3.2 改进的用于渐进结构优化方法的固定网格技术

与传统的有限元方法不同，固定网格有限元方法不需要在分析域内划分适应性的网格。方便起见，本书把设计域划分为等尺寸的矩形单元。每个单元的材料属性由它所包含的材料决定。

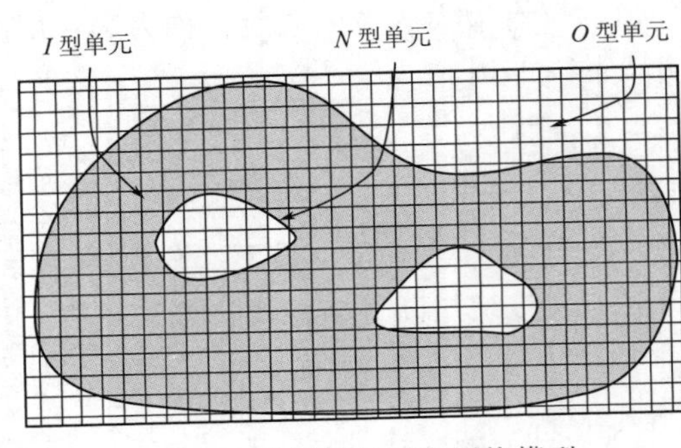

图 3.1 设计域的固定网格模型

如图 3.1 所示，为离散为固定网格的分析域的典型例子。所有单元被归类为 3 种单元，用 I，N 和 O 表示，I 表示完全在结构内的单元，O 表示完全在结构外的单元，N 表示部分在结构内部分在结构外的单元。这 3 类单元的材料属性由这个单元在结构内的体积 V_I 与整个单元体积 V_e 的比值 β_e 确定。

$$\beta_e=\frac{V_I}{V_e} \tag{3.6}$$

在二维平面应力条件下，式（3.6）变为

$$\beta_e=\frac{A_I}{A_e} \tag{3.7}$$

式中 A_I 和 A_e——结构内的单元面积和单元总面积。

作为一个统一的形式，材料弹性张量 D_e 为

$$D_e(N)=\beta_e D_e(I)+(1-\beta_e)D_e(O) \tag{3.8}$$

对于传统的渐进结构优化方法，一个单元只有两个选择：I 型单元或者 O 型单元。在有限元系统中，这并不能确保一个光滑的边界。而在固定网格渐进结构优化方法中，在 N 型单元中插入一个材料模型可以表征结构内单元体积的连续变化，允许单元内部分材料的移走同时保证了新边界的光滑。

不失一般性，本书以四节点矩形单元为例。为了决定单元在结构内的面积比，本书把单元 e 的 4 个节点 j_1、j_2、j_3 和 j_4 的敏感度 α_{j1}、α_{j2}、α_{j3} 和 α_{j4} 与当前步的删除标准 α_{del} 比较，以确定单元类型的划分。

$$e\in\begin{cases}I,\ \forall\alpha_{j,n}\in(\alpha_{j1,n},\alpha_{j2,n},\alpha_{j3,n},\alpha_{j4,n})>\alpha_{\text{del}}\\O,\ \forall\alpha_{j,n}\in(\alpha_{j1,n},\alpha_{j2,n},\alpha_{j3,n},\alpha_{j4,n})\leqslant\alpha_{\text{del}}\\N\end{cases} \tag{3.9}$$

对于 I 型和 O 型单元，面积比为

$$\beta_e=\begin{cases}1, & e\in I\\0, & e\in O\end{cases} \tag{3.10}$$

对于 N 型单元，面积比通过节点敏感度与删除标准的插值得到。在固定网格有限元分析中，敏感度在单元内的分布由节点敏感度 α_j 与形函数 N_j 决定：

$$\alpha_e(\xi,\eta)=\sum_{j=1}^{N}N_j(\xi,\eta)\alpha_{j,n} \tag{3.11}$$

因此，单元内的边界曲线可以显式表示为

$$\gamma_e(\xi,\eta)=\alpha_e(\xi,\eta)-\alpha_{\text{del}}=\sum_{j=1}^{N}N_j(\xi,\eta)\alpha_{j,n}-\alpha_{\text{del}}=0 \tag{3.12}$$

实际上，式（3.12）提供了新形成的分段边界的数学表述。以双线性矩形单元 Tsai - Hill 强度准则为例，单元内的边界曲线可以表示为

$$\gamma_e(\xi,\eta)=\vartheta_e(\xi,\eta)-\hat{\vartheta}=\sum_{j=1}^{N}N_j(\xi,\eta)\vartheta_j-\hat{\vartheta}=0 \tag{3.13}$$

式（3.13）表示单元内边界为直线。

图 3.2（a）～图 3.2（c）表示了三种不同的 N 型单元类型，分别是单元的 1 个，2 个，3 个节点的设计 Tsai - Hill 指标小于删除指标 $\hat{\vartheta}$。边界线插值点位置由单元内 2 个长度参数（ℓ_a，ℓ_b）决定。

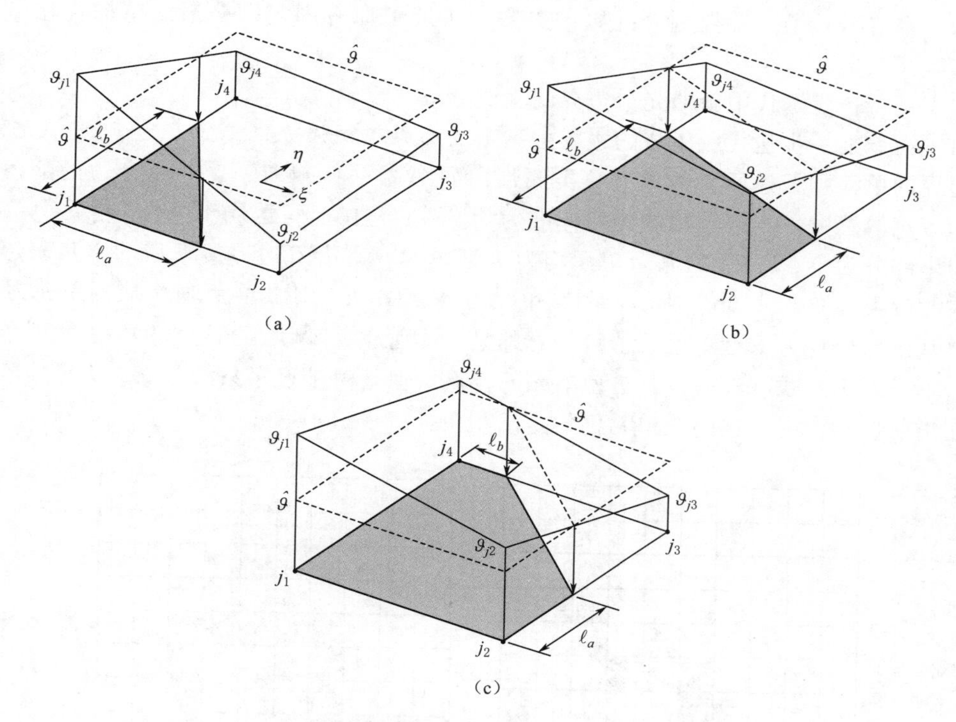

图 3.2　不同类型的 N 型单元的面积比计算

（a）1 个节点 Tsai - Hill 指标小于删除标准；（b）2 个节点 Tsai - Hill 指标小于删除标准；（c）3 个节点 Tsai - Hill 指标小于删除标准

在原有的固定网格渐进结构优化方法中，一个单元内的边界由一个参数决定，如图 3.3 所示，单元之间的边界不连续，存在一定的“阶跃”现象。本书的固定网格技术中一个单元的结构内面积及边界由两个参数决定，这样，单元边界的连接更加连续光滑。

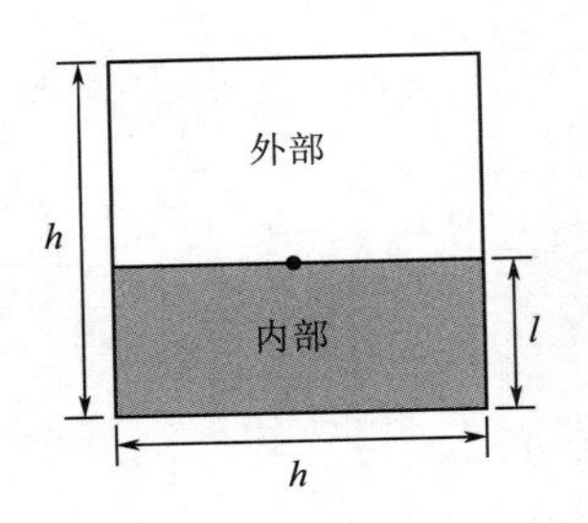

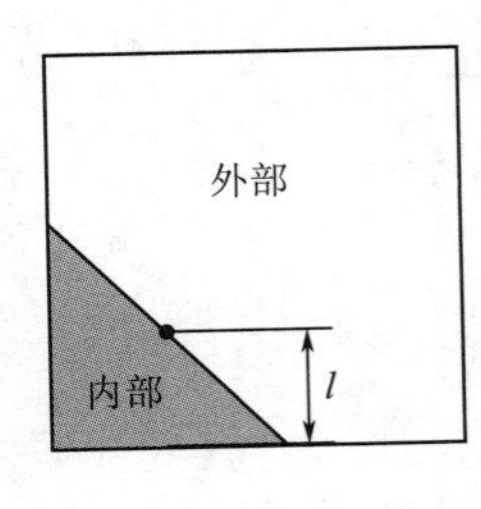

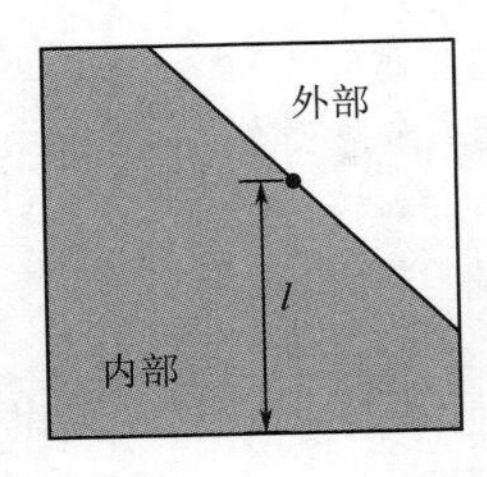

图 3.3　原有固定网格方法中 N 型单元的边界处理方式

3.3　改进的固定网格渐进结构优化方法流程

3.3.1　控制开孔时机的方法

在结构优化的实际应用中，过多的孔洞往往是不实用的，因此，控制开孔时机往往是必要的。本节引入了一种控制开孔数的参数，扩展了原有固定网格渐进结构优化方法的功能。

本书把每一步迭代中新的光滑边界的生成分成 4 步。

（1）沿着上一步迭代所生成的边界搜索新的边界单元并按照式（3.9）确定单元分类，远离边界的单元则保持原有的单元分类属性。如图 3.4（a）所示，节点旁边的数值为当前步的节点敏感度，本次迭代的删除标准为 4。例如，在上一迭代步中，c 单元为 O 型单元，阴影部分为 N 型单元，其余单元均为 I 型单元，则沿着边界搜索后的本步骤边界单元和单元分类如图 3.4（b）所示，阴影单元为 N 型单元，阴影单元所围成的单元为 O 型单元，其余部分均为 I 型单元，值得注意的是，尽管单元 a 满足式（3.9）中 O 型单元的特点，单元 b 满足式（3.9）中 N 型单元的特点，但是由于程序只沿着原有边界搜索，因此，在当前搜索步中，这两个单元仍然是 I 型单元。

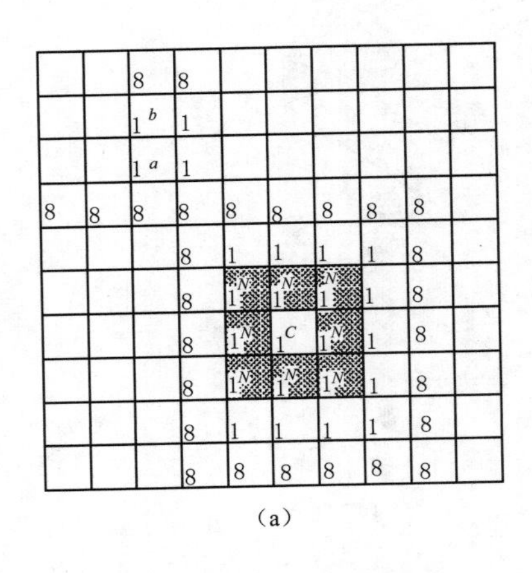

(a)

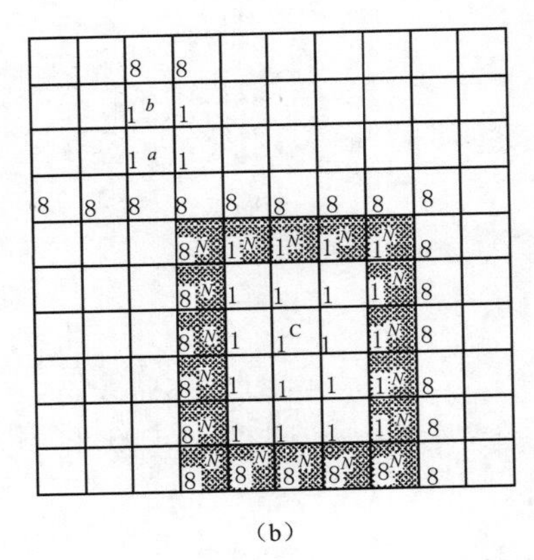

(b)

图 3.4　沿着原有边界单元搜索新边界单元示意图

（a）搜索前的边界单元；（b）搜索后的边界单元

（2）通过对非边界单元节点敏感度与删除标准的比较得出是否需要增加新的孔洞。与第 2 章类似，为了控制开孔的时机，本书引入一个参数 c。以上一节提到的双线性四节点单元为例，搜索所有 I 型单元，如果某个单元满足式（3.14），则表示该单元满足新开孔条件，就会产生一个新的孔。

$$(\alpha_{j1,n},\alpha_{j2,n},\alpha_{j3,n},\alpha_{j4,n})>\alpha_{\mathrm{del}}c \tag{3.14}$$

显然，$c=1$ 时，表示在优化过程中对开孔实际没有控制；$c=0$ 时，则表示优化过程中不会增加新孔，优化过程就是只优化边界形状的“细啃”固定网格渐进结构优化方法。

（3）按照图 3.4 沿着本次迭代的边界重新搜索边界单元。

（4）按照前面阐述的固定网格技术确定新的光滑边界。

3.3.2　稳定判断和中止条件

在传统的渐进结构优化方法中，当迭代步中没有单元被移走时，就表示达到了稳定状态。这时，如果仍然没有得到最优值，删除标准的水平将会增长，这样优化进程会继续进行。由于在固定网格渐进结构优化方法中允许单元内部分材料的移走，每一次边界的微小的修改都会引起节点敏感度的扰动，而这一扰动又会引起新的边界改变，所以不可能存在哪一次迭代步没有材料删除。因此，需要定义一个新的稳定步判断条件。

本书设定如果一步删除的材料太小，则达到稳定步。即式（3.15）满足，则达到稳定步。

$$\Delta V_i<\Delta V_{\min} \tag{3.15}$$

式中　ΔV_i——第 i 步迭代删除材料的体积；

$\Delta V_{\min}$——预先假定的常数。

在孔形优化中，往往孔的尺寸是固定的，因此，本书把孔的尺寸约束定义为中止条件如下：

$$V_{i,k}\geqslant V_{\mathrm{pre}} \tag{3.16}$$

式中　$V_{i,k}$——当前步的开孔面积；

V_{pre}——预先设定的开孔面积。

如果式（3.16）满足，则程序中止。

3.3.3　流程概略

方便起见，本书以复合材料板开孔优化为例，概括固定网格渐进结构优化方法流程如图 3.5 所示，具体如下：

（1）确定设计域，初始域。在设计域内划分合适密度的正方形固定网格。施加约束及荷载。设定步长 ER，控制开孔参数 c 及其他常数 $\Delta V_{\min}$ 等。

（2）按照式（3.6）、式（3.7）、式（3.8）决定当前步每个单元的面积比和单元材料属性。

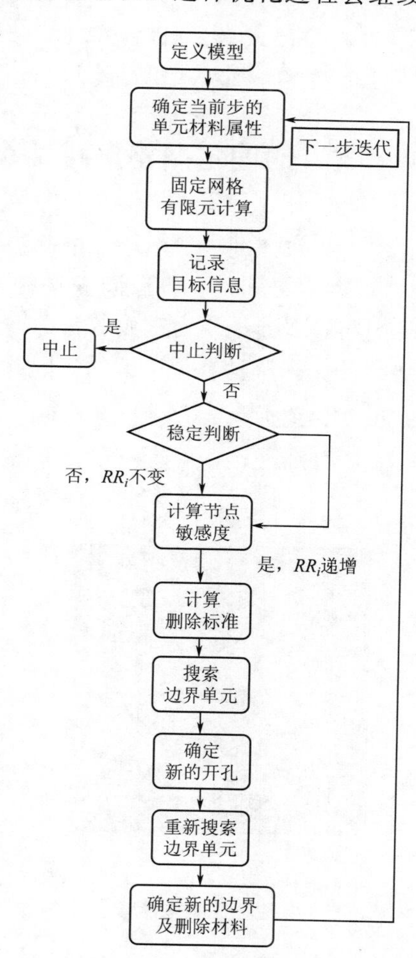

图 3.5　固定网格渐进结构优化方法流程图

(3) 进行固定网格有限元分析。

(4) 记录式(3.4)等目标信息。

(5) 检查式(3.16)判断程序是否中止，如果达到预定目标，则程序中止，如果没达到目标，则进入第(5)步。

(6) 按照式(3.15)判断是否达到稳定状态，如果达到稳定状态，则按照第2章中所述改变当前步的比例因子。

(7) 按照式(3.1)、式(3.2)计算每个节点的敏感度。

(8) 按照式(3.3)计算当前迭代步的删除标准。

(9) 按照图3.4所示方法沿着上一步迭代所生成的边界搜索新的边界单元，并按照式(3.9)确定单元分类。

(10) 按照式(3.14)确定新开孔。

(11) 按照图3.4所示方法沿着新的边界单元重新搜索，并按照式(3.9)确定单元分类。

(12) 按照式(3.11)、式(3.12)、式(3.13)确定需要删除的材料以及新的边界。

(13) 重复(2)～(12)步。

3.4 改进的固定网格渐进结构优化方法验证

本书用各向同性材料作为层合板的特例来验证所提出的固定网格渐进结构优化方法。由式(3.1)可知，在各向同性材料条件下，当$\sigma_{xf}=\sigma_{yf}=\sqrt{3}\tau_{xyf}$时，等设计Tsai - Hill值准则与等Mises应力准则等价。而各向同性材料方板在多种荷载条件下的等Mises应力准则的最优孔形是有理论解的，因此可以用作本书方法的验证。

于是，取$\sigma_{xf}=\sigma_{yf}=30\text{MPa}$，$\tau_{xyf}=10\sqrt{3}\,\text{MPa}$。横向与纵向弹性模量$E_x=E_y=20\text{GPa}$，泊松比$u=0.25$，剪切模量$G_{xy}=8\text{GPa}$。

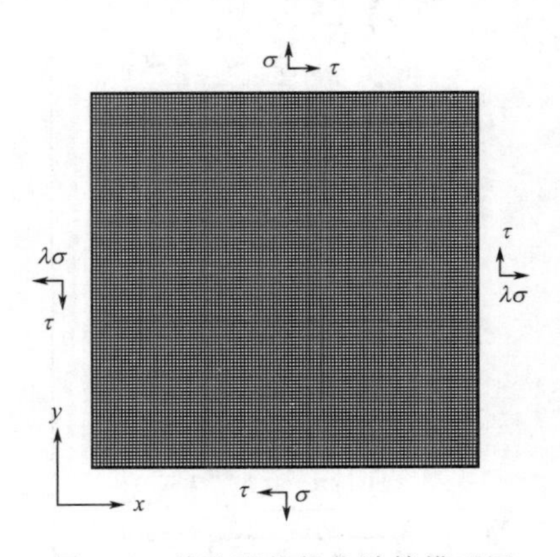

图3.6 单孔形状优化计算模型图

本书使用统一的计算示意图及有限元网格，如图3.6所示为受二轴拉力和剪力的方板，竖向拉力为σ，横向拉力为$\lambda\sigma$，剪力为τ。方板尺寸为80cm×80cm，有限元网格是80×80的均匀网格，初始开孔为正中位置4cm×4cm的正方形。

各向同性材料方板受二轴拉力作用下以孔周边界等Mises应力为目标的最优开孔形状的理论解是一个椭圆或者圆，考虑$\lambda=1$和$\lambda=4$时的情况，其理论解分别是一个圆和一个长短轴比为4的椭圆。

$\lambda=1$时，取$RR_0=0.4$，$ER=0.05$，$\Delta V_{\min}=1\text{cm}^2$，c=0；$\lambda=4$时，取$RR_0=0.4$，$ER=0.02$，$\Delta V_{\min}=1\text{cm}^2$，$c=0$。图3.7(a)、图3.7(b)分别是$\lambda=1$和$\lambda=4$在开孔面积为$303\text{cm}^2$和$296\text{cm}^2$时最优开孔形状的本书数值解与解析解的比

较，粗线为理论解，细线为数值解。结果吻合得很好，证明了本书方法的可靠性与精度。

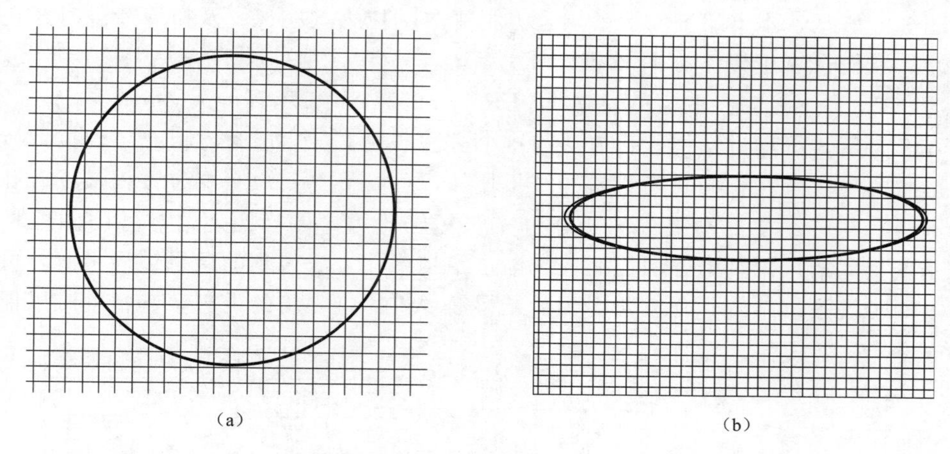

图3.7　相同开孔面积时本书方法解与理论解对比（局部放大）
(a) $\lambda=1$；(b) $\lambda=4$

3.5　复合材料方板开孔形状优化

为了考察固定网格渐进结构优化方法在各向异性材料及分层材料中的应用，本书研究了叠层复合材料方板开孔形状优化问题。

为表示最优孔形在孔周等设计 Tsai－Hill 强度方面的改善，本书给出了沿孔周的有限元节点的设计 Tsai－Hill 值序列的最大值，标准差及其与面积相同的正方形开孔时的相应值对比。不失一般性，本书对荷载实行量纲化，即施加合适的荷载使得等面积正方形开孔时沿孔周的边界节点的设计 Tsai－Hill 值序列的最大值为1。本书把本书方法所得结果与传统渐进结构优化方法得到的结果进行了对比。

本节用到的层合板是由层厚为0.16 mm的碳纤维/环氧树脂单层材料黏合而成，表3.1给出的是碳纤维/环氧树脂材料的刚度及强度指标。

表3.1　碳纤维/环氧树脂材料的刚度及强度指标

物理指标		强度指标	
横向弹模 E_x/GPa	128	纵向抗拉强度/GPa	1.45
纵向弹模 E_y/GPa	11.3	纵向抗压强度/GPa	1.25
剪切弹模 G_{xy}/GPa	6.0	横向抗拉强度/MPa	52
泊松比 u	0.3	横向抗压强度/MPa	100
层厚/mm	0.16	抗剪强度/MPa	93

3.5.1　单孔形状优化

本书研究叠层复合材料方板单孔形状优化问题。这部分内容中，叠层复合材料方板按照 $[\pm45°/0°/90°]_s$ 对称搁置，取8层，这种层合板表现出一定的各向同性，称为拟各向同性层合板，为方便表述，本书把这种准各向同性层合板记作 C/F_8 层合板。

如图 3.6 所示，本书研究 C/F_8 层合方板受二轴拉力（$\tau=0$）及拉剪荷载时开孔形状优化问题。我们计算了以下 4 种情况：①$\lambda=1$，$\tau=0$；②$\lambda=0.5$，$\tau=0$；③$\lambda=1$，$\tau=0.3\sigma$；④$\lambda=1$，$\tau=0.6\sigma$。取 $RR_0=0.4$，$ER=0.05$，$\Delta V_{\min}=1\text{cm}^2$，$c=0$。

图 3.8 是用传统渐进结构优化方法与本书方法研究 C/F_8 层合方板在二轴拉力荷载条件开孔形状的最优解在相同孔面积时的结果比较。$\lambda=1$ 时，C/F_8 层合方板最优开孔几乎为一个圆；$\lambda=0.5$ 时，最优孔形接近于一个长短轴比为 2 的椭圆，这与各向同性材料的结果是基本相同的。用本书方法比用传统渐进结构优化方法得到的结果边界平滑，可以直接应用，而传统渐进结构优化方法得到的结果需要进行进一步的处理，其精度难以保证。

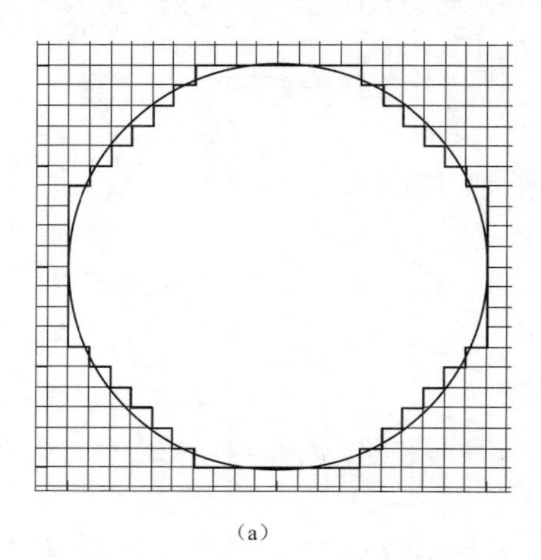

(a)

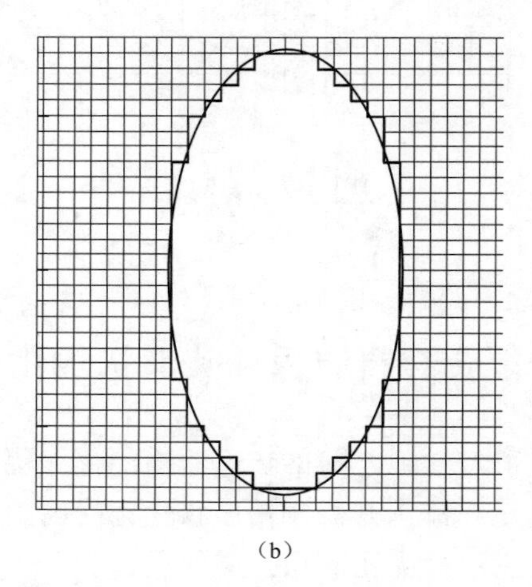

(b)

图 3.8　传统渐进结构优化方法与本书方法研究 C/F_8 层合方板在二轴拉力荷载作用下开孔形状优化结果比较（局部放大）

(a) $\lambda=1$，$\tau=0$；(b) $\lambda=0.5$，$\tau=0$

注：锯齿状为传统渐进结构优化方法的结果，光滑解为本书结果。

通过最优开孔与相同面积正方形开孔的比较，我们发现 $\lambda=1$ 时沿孔周的有限元节点的设计 Tsai - Hill 值序列的最大值及标准差分别减少了 71.1%和 60.4%；而 $\lambda=0.5$ 时分别减少了 74.8%和 69.2%，见表 3.2。

图 3.9 是用传统渐进结构优化方法与本书方法研究 C/F_8 层合方板在二轴拉力和剪力共同作用开孔形状优化结果比较。

各向同性方板在二轴拉力 σ 及剪力 $\tau=F\sigma$（$0\leqslant F\leqslant 1$）作用下的最优开孔形状是一个指向 45°的椭圆，其长短轴比为

$$a/b=\frac{1+F}{1-F} \tag{3.17}$$

因此，拉剪荷载条件下各向同性板最优解的 a/b 分别为 1.86 和 4。而对于 C/F_8 层合方板而言，如图 3.9（a）、图 3.9（b）所示，最优孔形都近似于一个长轴方向指向 45°的椭圆，$\tau=0.3\sigma$ 时长短轴之比为 1.80；$\tau=0.6\sigma$ 时长短轴之比为 3.7，这与各向同性材料的最优解相近，但还存在一定差别。

通过最优开孔与相同面积正方形开孔的比较，发现 $\tau=0.3\sigma$ 时沿孔周的有限元节点的

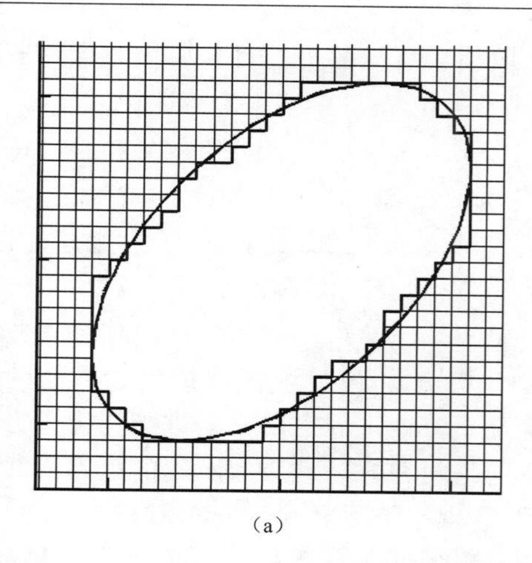

(a)

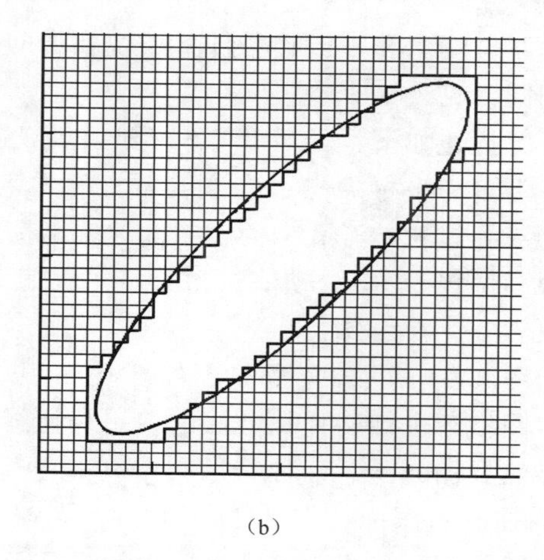

(b)

图 3.9　传统渐进结构优化方法与本书方法开孔形状优化结果比较

(a) $\lambda=1$，$\tau=0.3\sigma$；(b) $\lambda=1$，$\tau=0.6\sigma$

注：锯齿状为传统渐进结构优化方法的结果，光滑解为本书结果。

设计 Tsai－Hill 值序列的最大值及标准差分别减少了 87.7%和 79.1%；而 $\tau=0.6\sigma$ 时分别减少了 92.2%和 88.5%，见表 3.2。这些指标反映了最优孔形在改善应力集中上的效果。

表 3.2　优化解与正方形开孔非优化解沿孔边界节点设计 Tsai－Hill 值序列最大值及标准差比较

工况	λ	τ	项目	优化解	非优化解	改进量/%
1	1	0	最大值	0.289	1	71.1
			标准差	0.117	0.295	60.4
2	0.5	0	最大值	0.252	1	74.8
			标准差	0.083	0.270	69.2
3	1	0.3	最大值	0.123	1	87.7
			标准差	0.049	0.236	79.1
4	1	0.6	最大值	0.078	1	92.2
			标准差	0.028	0.241	88.5

为了进一步证明本书方法的能力，本书用固定网格渐进结构优化方法研究了叠层复合材料方板多孔形状优化。

3.5.2　不同开孔数对开孔形状的影响

如图 3.10 所示，为叠层复合材料方板多孔形状优化计算模型示意图。方板尺寸为 100cm×100cm，有限元网格是 100×100 的均匀网格，每个初始开孔为 4×4 的正方形，开孔位置如后面图中所述，取荷载参数 $\lambda=1$，$\tau=0.3\sigma$。

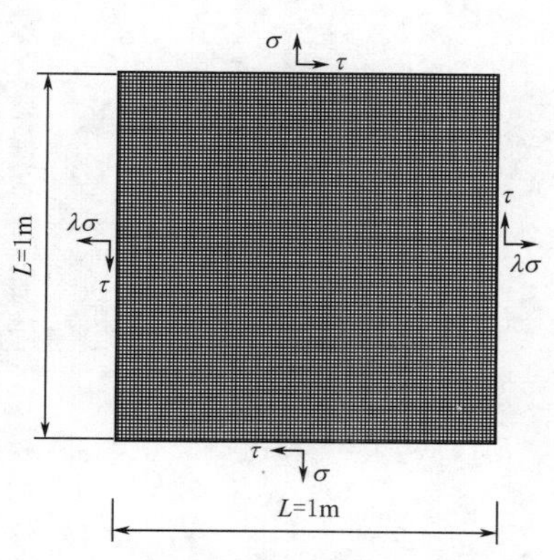

图 3.10　叠层复合材料方板多孔形状优化计算模型示意图

为考察层合方板不同孔数条件下最优孔形，研究了 $[\pm45°/0°/90°]_s$ 层合板在拉剪荷载作用下单孔、双孔、相互影响双孔，四孔条件下最优孔形问题。取叠层材料的单层材料属性与单孔形状优化时相同，见表 3.1。

工况描述如下：①单孔，开孔中心位置为（0.5L，0.5L）处，L 为方板的边长，以方板左下角为坐标原点；②双孔，开孔中心位置为（0.25L，0.25L）（0.75L，0.75L）处；③双孔，初始开孔中心位置为（0.375L，0.375L）（0.625L，0.625L）处；④四孔，开孔中心位置为（0.25L，0.25L）（0.25L，0.75L）（0.75L，0.25L）（0.75L，0.75L）处。取 $RR_0=0$，$ER=0.05$，$\Delta V_{\min}=1\text{cm}^2$，$c=0$。

如图 3.11 所示，4 种工况的开孔面积均为 1148cm^2。传统渐进结构优化方法的结果与固定网格渐进结构优化方法的结果相比近似重合，但是，固定网格渐进结构优化方法的结果显然更加光滑。两种结果相比也略有差异，这是两种方法对应力不同的处理方式造成的。如图 3.11（b）、图 3.11（d）所示，最优孔形都是椭圆，并且与单孔情况 3.11（a）的椭圆解相似，这说明在这两种初始开孔及开孔面积条件下，多孔之间几乎没有影响，而如图 3.11（c）所示，由于两孔开孔位置比较接近，因此可以明显看出其相互影响的现象。

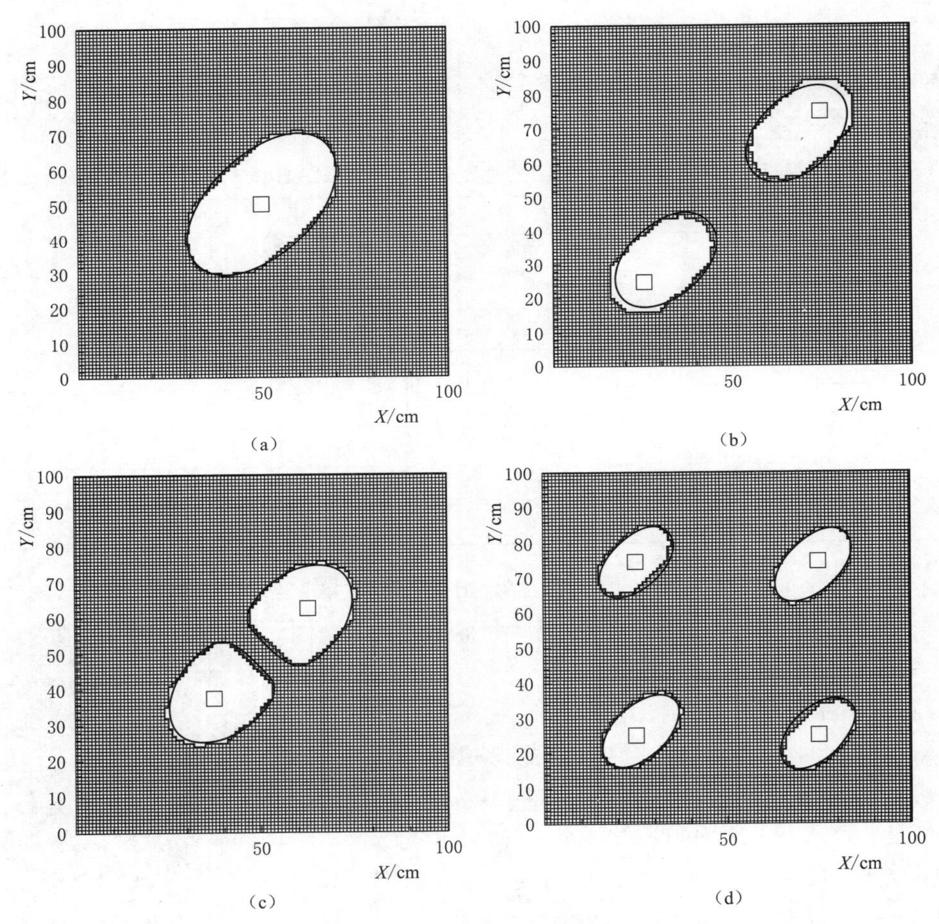

图 3.11　C/F_8 层合方板在二轴拉力和剪力共同作用不同开孔数目最优孔形

（a）单孔；（b）远离的双孔；（c）靠近的双孔；（d）四孔

注：锯齿状为传统渐进结构优化方法的结果，光滑解为本书结果。

如图 3.12 所示为上述 4 种情况下本书所提出的表示孔周最大设计 Tsai－Hill 值与最小设计 Tsai－Hill 值差别的规一化的函数值［即式（3.4）］的进化历程，从图中可以看出，随着优化的进行，函数值下降，表明孔周设计 Tsai－Hill 值越来越均匀。

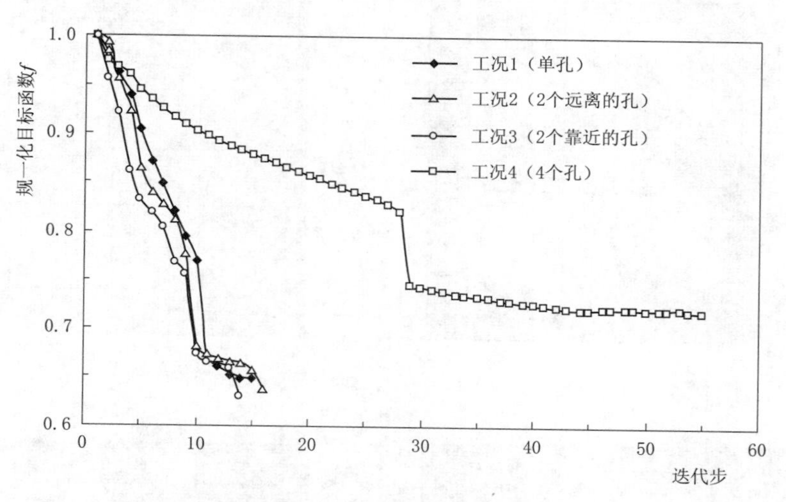

图 3.12　规一化目标函数优化历程曲线图

4 种工况的总体平均设计 Tsai－Hill 值差别不大，说明这 4 种开孔方式对于板内的大部分单元的影响不大，见表 3.3。从沿孔周最大设计 Tsai－Hill 值比较来看，四孔时的值最小，相互影响双孔时的值最大，显然是因为两孔相隔太近相互影响造成的。从最大设计 Tsai－Hill 值与平均设计 Tsai－Hill 值的比值来看，四孔的最小，双孔次之，单孔再次之，相互影响双孔最大。因此，在没有相互影响的前提下，适当增加孔数能减少应力集中，这一结论与常识相符合。

表 3.3　　最优孔形时沿孔周最大设计 Tsai－Hill 值与平均值对比

Tsai－Hill 值	单孔	远离的双孔	靠近的双孔	四孔
沿孔周最大值	1150	1160	1210	1100
总体平均值	543	550	544	530
两者比值	2.117	2.109	2.224	2.075

3.5.3　不同叠层构造对最优孔形影响

为考察层合方板不同叠层构造条件下最优孔形，我们研究了不同构造的层合板在拉剪荷载作用下四孔最优孔形问题，分别是各向同性板、8 层不同构造的层合方板，其构造方式分别为：$[\pm45/0/90]_s$、$[(\pm30)_2]_s$、$[(\pm60)_2]_s$、$[(90/0)_2]_s$，取叠层材料的单层材料属性与单孔形状优化时相同，见表 3.1。

如图 3.10 所示，$\lambda=1$，$\tau=0.3\sigma$，工况描述如下：①各向同性方板；②$[(\pm30)_2]_s$层合方板；③$[(\pm60)_2]_s$层合方板；④$[(90/0)_2]_s$层合方板。以上 4 种工况的初始开孔位置均为（$0.25L$，$0.25L$）（$0.25L$，$0.75L$）（$0.75L$，$0.25L$）（$0.75L$，$0.75L$）处。取 $RR_0=0$，$ER=0.05$，$\Delta V_{\min}=1\text{cm}^2$，$c=0$。

如图 3.13（a）～图 3.13（d）所示，不同的复合材料构造方式对最优孔形有显著的影响。

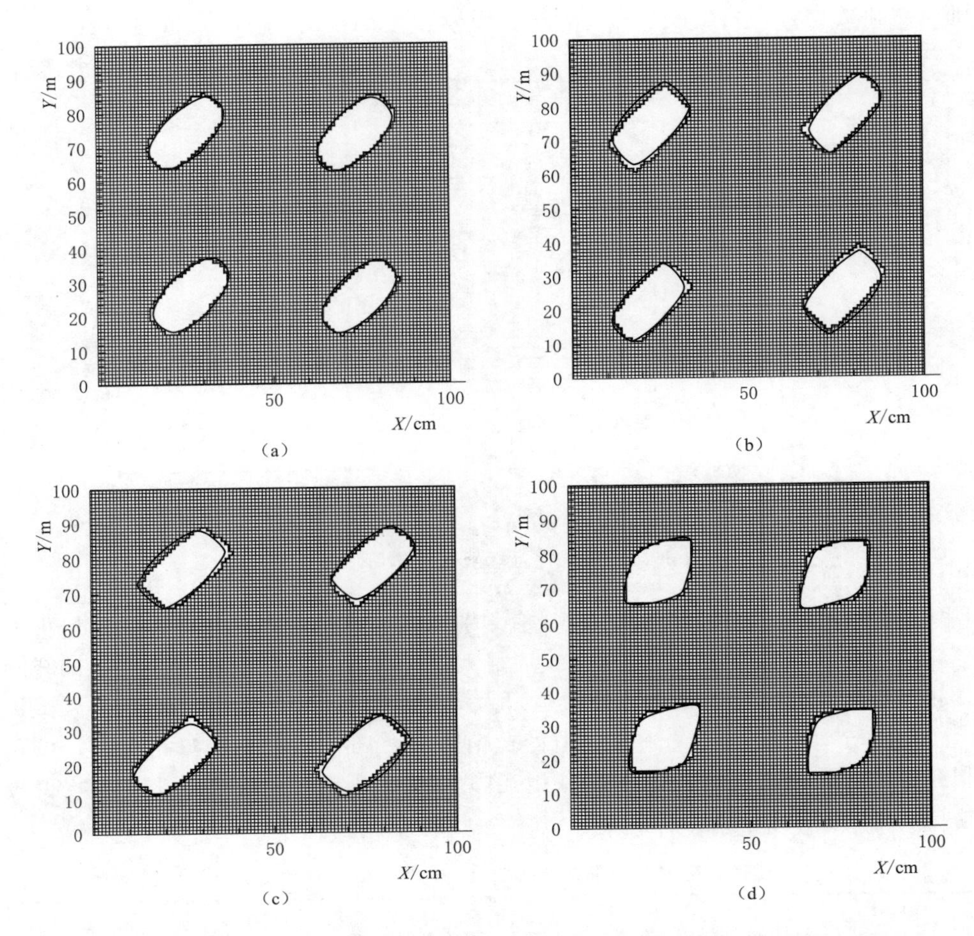

图 3.13　不同分层构造层合板在二轴拉力和剪力共同作用开孔形状优化结果

（a）各向同性方板；（b）$[(\pm30)_2]_s$层合方板；（c）$[(\pm60)_2]_s$层合方板；（d）$[(90/0)_2]_s$层合方板

注：锯齿状为传统渐进结构优化方法的结果，光滑解为本书结果。

$[\pm45/0/90]_s$方板与各向同性方板的结果基本一致，说明$[\pm45/0/90]_s$具有良好的拟各向同性功能。$[(90/0)_2]_s$方板的最优孔形沿对角线对称分布，这是由于荷载和复合板构造的对称性造成的。而$[(\pm30)_2]_s$和$[(\pm60)_2]_s$方板显然就没有这种对称性。

表 3.4 为最优孔形时沿孔周最大值与总体平均值的对比。由于本书采用的是设计 Tsai - Hill 准则，因此，拥有更多基本层方向的$[\pm45/0/90]_s$方板的平均设计 Tsai - Hill 值比较大。这说明在特定的荷载条件下，相应的各向异性复合板比拟各向同性板更加适合。而$[(\pm30)_2]_s$和$[(\pm60)_2]_s$方板的孔周最大设计 Tsai - Hill 值比$[\pm45/0/90]_s$和$[(90/0)_2]_s$方板略小，说明$[(\pm60)_2]_s$与$[(\pm30)_2]_s$叠层布置比$[(90/0)_2]_s$和$[\pm45/0/90]_s$更适合本书中的拉剪荷载条件。

表 3.4 最优孔形时沿孔周最大值与总体平均值对比

Tsai－Hill 值	工况 1	工况 2	工况 3	工况 4
沿孔周最大值	1100	1020	1020	1170
总体平均值	530	493	493	425
两者比值	2.075	2.069	2.069	2.753

3.5.4 两孔相互影响的历程

为考察相互影响两孔在优化过程中的情况，我们研究了两孔 $[\pm 45/0/90]_s$ 方板在拉剪作用下的优化历程。如图 3.10 所示，$\lambda=1$，$\tau=0.3\sigma$，初始开孔中心位置为（$0.375L$，$0.375L$）（$0.625L$，$0.625L$）处。取 $RR_0=0$，$ER=0.05$，$\Delta V_{\min}=1\text{cm}^2$，$c=0$。

图 3.14（a）～图 3.14（d）直观地给出了 $[\pm 45/0/90]_s$ 材料地相互影响两孔在拉剪作用下最优孔形的优化历程。在优化开始阶段，由于两孔相距较远，两孔相互间基本没有影响，最优孔形与单孔情形相似；随着两孔越来越接近，图 3.14（b）、图 3.14（c）给出

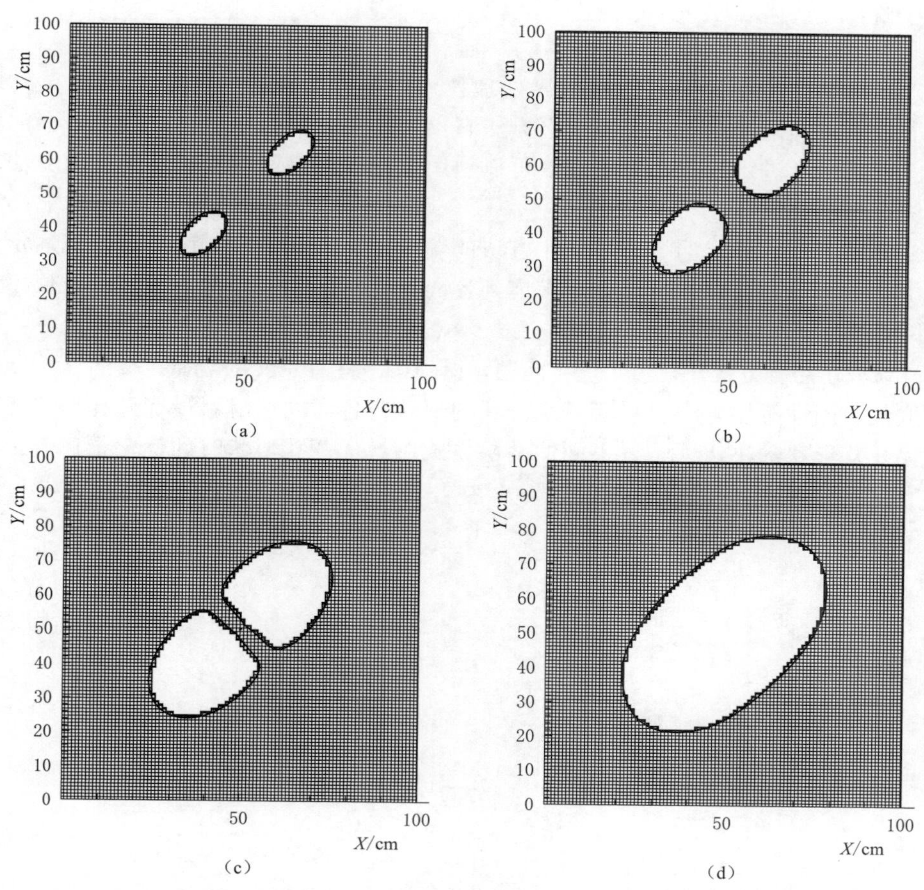

图 3.14 C/F$_8$ 层合方板在二轴拉力和剪力共同作用时双孔最优孔形相互影响历程

（a）$A_c=0.0239\text{m}^2$；（b）$A_c=0.0631\text{m}^2$；（c）$A_c=0.1358\text{m}^2$；（d）$A_c=0.2295\text{m}^2$

注：锯齿状为传统渐进结构优化方法的结果，光滑解为本书结果。

了两孔相互影响的方式；最后，随着开孔面积越来越大，两孔越来越接近，两孔合二为一，最终形状与单孔的工况相同。

由表3.5可知，随着开孔面积的扩大以及两孔的相互影响，最大设计Tsai-Hill值与平均设计Tsai-Hill值的比值变大，说明应力集中程度加剧，当两孔合并为一孔的时候，比值降低，说明了应力集中程度有所降低，但是比无相互影响的双孔要大，这一结论与前面的结论吻合。

表3.5　相互影响双孔优化历程中沿孔周最大设计Tsai-Hill值与总体平均值对比

开孔面积/cm^2	239	631	1358	2295
沿孔周最大值	771	901	1370	1700
总体平均值	407	461	587	809
两者比值	1.894	1.954	2.334	2.101

3.6　小结

（1）提出了一种新的固定网格边界处理技术，所得结果的边界比原有边界处理更光滑，本书结果与理论解的对比表明本书方法有很好的边界模拟精度；把控制开孔时机的技术引入固定网格渐进结构优化方法中，可以利用改进的固定网格渐进结构优化方法求解开孔形状优化问题。

（2）推导了基于固定网格渐进优化方法的等Tsai-Hill值敏感度指标，把固定网格渐进结构优化方法由各向同性材料领域扩展到各向异性材料和复合材料领域，扩展了程序的适用范围。

（3）研究了层合方板开孔形状优化问题，得到了一些有意义的规律。按照$[\pm 45/0/90]_s$布置的拟各向同性叠层复合材料板最优开孔的形状与各向同性材料最优开孔形状相似，荷载是最优开孔形状的决定因素，不同的叠层方式对最优开孔形状时的优化指标有影响，应该根据当前的荷载选择相应的叠层方式。

第4章 双向固定网格渐进结构优化方法及其应用

Querin 等人提出了一种增加材料的技术，发展了双向渐进结构优化方法。但是这种方法是基于传统的 ESO 方法的，同样存在着边界不光滑、棋盘格式等问题。

本书提出了统一敏感度的概念，在此基础上提出了双向固定网格渐进结构优化方法，并用这一方法研究了复合材料壳结构开孔形状优化问题，验证了方法的适用性，也得到了一些复合材料壳结构最优开孔的一些规律。

4.1 基于统一敏感度的增加材料的技术

本书第 2 章建立的可控孔数的双向渐进结构优化方法沿用 Querin 等人提出的增加材料的技术，即在高敏感度周围增加单元，几个例子证明了这种技术的有效性。但是这种增加材料的技术只在结构内单元上有敏感度指标，难以扩展到基于固定网格的增加材料技术。本书研究的基于固定网格的双向渐进结构优化方法需要在设计域内所有节点上都有敏感度。因此，本书提了一种统一敏感度的概念，并在统一敏感度的基础上发展了一种新的增加材料的技术。为方便理解，在本书的后续部分中，如非特别说明，双向渐进结构优化方法所指的都是采用基于统一敏感度的增加材料技术的改进的双向渐进结构优化方法。

本书通过设定单元弹性模量为正常单元弹性模量很小的倍数（如 10^{-3} 倍的方式）来模拟单元的移走，因此，在本书中，即使是去掉的单元也存在虚拟的位移和应力。如果应用虚拟应力计算敏感度，如第 3 章中发展的 Tsai - Hill 值敏感度，则敏感度计算是合适的，这些敏感度反映该处材料实际的贡献，不需要进行额外调整。而如果应用这些虚拟的位移来计算敏感度则会因为位移和应变过大而失真，其敏感度计算需要经过适当处理。

本书用一个简单的方式来定义基于位移的统一敏感度：对于结构内的单元，单元敏感度就是应用有限元得到的真实位移计算得到敏感度；对于模型外单元，敏感度就是假定这个单元在模型内并且移走这个单元引起的目标函数变化，计算敏感度时所采用的单元位移就是假定该单元为结构内单元，弹性模量恢复到原来模型内的水平，其他因素不变时的位移。

以不考虑荷载变化的位移敏感度为例，统一敏感度为

$$\tilde{\alpha}_i = -\chi_i\{u^j\}^T[\Delta K]\chi_i\{u\} = \chi_i^2\alpha_i \tag{4.1}$$

$$\chi_i = \begin{cases} \left(\dfrac{\{u^j\}^T[K^r]\{u\}}{\{u^j\}^T[K^o]\{u\}}\right)^n & , \quad i \in C_{N-R} \\ 1 & , \quad i \in C_R \end{cases} \tag{4.2}$$

式中 C_R——完全在结构内的单元的集合；

C_{N-R}——所有单元减去 C_R 得到的单元集合；

χ_i——考虑虚拟位移的折减系数，当 $i \in C_R$ 时为 1，表示对于完全在结构内的单元，这种统一的敏感度与原敏感度定义一致，当 $i \in C_{N-R}$ 时，需要折减为虚拟位移；

n——折减因子，按照计算经验取为 0.5～1；

$[K^r]$——移走单元后的刚度矩阵；

$[K^o]$——原始单元的刚度矩阵。

如上所述，式（4.1）给出了设计域内所有单元的统一敏感度。类似于在删除单元时引入控制开孔的参数 c，为了控制增加单元时的开孔数，本书引入了另一个控制开孔的参数 c_2。定义与 N 型单元相邻的所有 O 型单元为本迭代步的潜在边界单元，如图 4.1 所示。

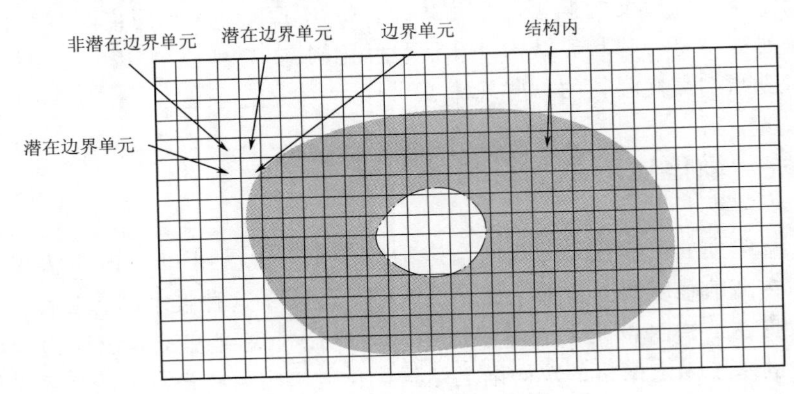

图 4.1　潜在边界单元示意图

与式（2.28）类似，将统一敏感度修订如下：

$$\begin{cases} \bar{\tilde{\alpha}}_k = c_2 \times (\tilde{\alpha}_k - \tilde{\alpha}_{\min}) , & k \in C_{PB} \\ \bar{\tilde{\alpha}}_k = (\tilde{\alpha}_k - \tilde{\alpha}_{\min}) , & k \in C_{N-PB} \end{cases} \tag{4.3}$$

式中　$\bar{\tilde{\alpha}}_k$——修订后的敏感度；

C_{PB}——所有的潜在边界单元的集合；

C_{N-PB}——结构外单元减去所有潜在边界单元的集合。

将已经从结构中删除的“空”单元按照式（4.3）中修订过的敏感度排序，前 AR_i 个敏感度最高的单元表示最需要增加材料的区域，确定为本迭代步需要增加材料的单元，这样，就可以建立一种新的增加材料的技术。用本节发展的增加材料的技术替代 2.6.1 中第 4 步流程，就可以得到新的双向渐进结构优化方法。

4.2　基于统一敏感度的双向渐进结构优化方法的验证

为了考察本书提出的基于统一敏感度的增加材料技术的适用性，本书借用两个例子来比较优化拓扑和优化效果。

4.2.1　Michell 桁架算例

如图 4.2 所示，本算例模型尺寸、网格、荷载约束与 2.4.1 相同，初始拓扑为底部

0.2×0.04 的矩形板。本节研究了 $c=1$，$c=0.5$，$c=0$ 时 3 种不同的工况，取 $c_2=0.0001$。

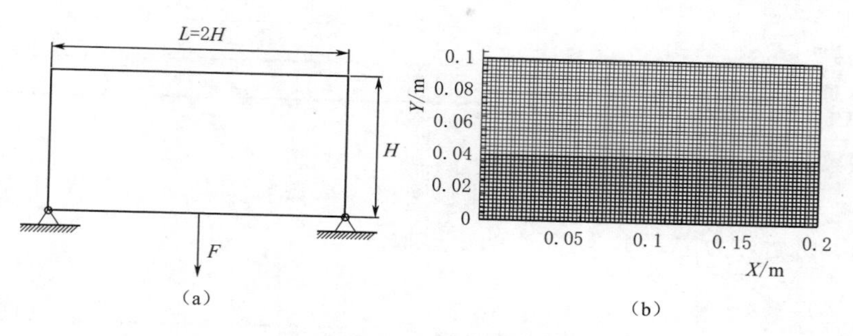

图 4.2　Michell 简支梁

(a) 计算模型；(b) 初始拓年

图 4.3 为 Querin 的方法得到的最优拓扑，图 4.4 为本书方法得到的最优拓扑。从优化拓扑来看，本书的结果与 Querin 的方法得到的结果在外形上相似，但是内部构造有所区别。表 4.1 是最优拓扑时的相对总应变能指标对比［按照式（2.31）计算］，从优化指标来看，本书方法的结果与 Querin 的方法得到的结果具有可比性。本书方法的优势在于在全设计域内有统一敏感度，为后续的研究奠定了基础。

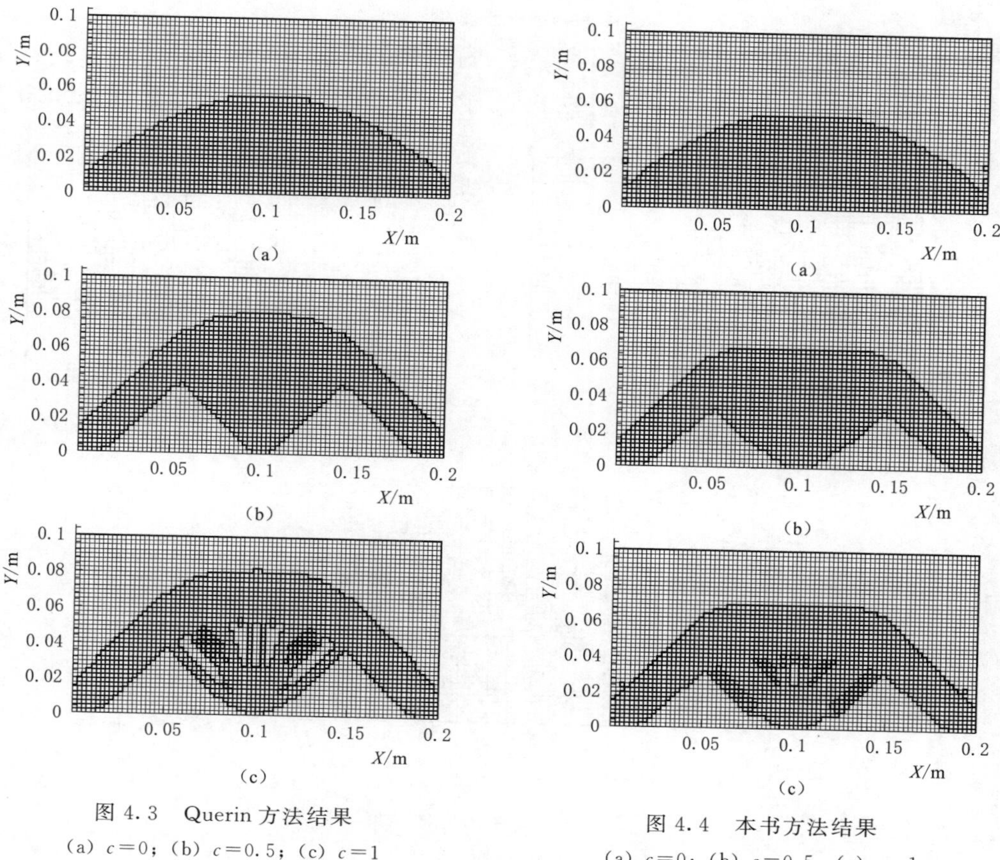

图 4.3　Querin 方法结果

(a) $c=0$；(b) $c=0.5$；(c) $c=1$

图 4.4　本书方法结果

(a) $c=0$；(b) $c=0.5$；(c) $c=1$

表 4.1　最优拓扑时相对总应变能指标对比

类　　别	最初拓扑	$c=1$	$c=0.5$	$c=0$
Querin 方法结果	1.00	0.51	0.52	0.72
本书方法结果	1.00	0.53	0.54	0.73

4.2.2　悬臂梁算例

如图 4.5（a）所示，本算例模型尺寸、网格、荷载约束与 2.4.3 节相同。初始拓扑如图 4.5（b）所示，为中部 1.6×0.4 的矩形块。

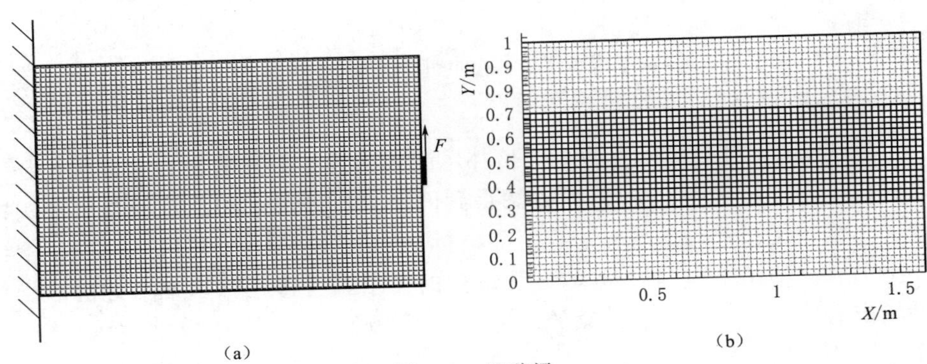

图 4.5　悬臂梁

（a）计算模型；（b）初始拓扑

对 $c=1$，$c=0$，$c=0.5$ 三种不同的工况。图 4.6 是 Querin 的方法得到的最优拓扑，

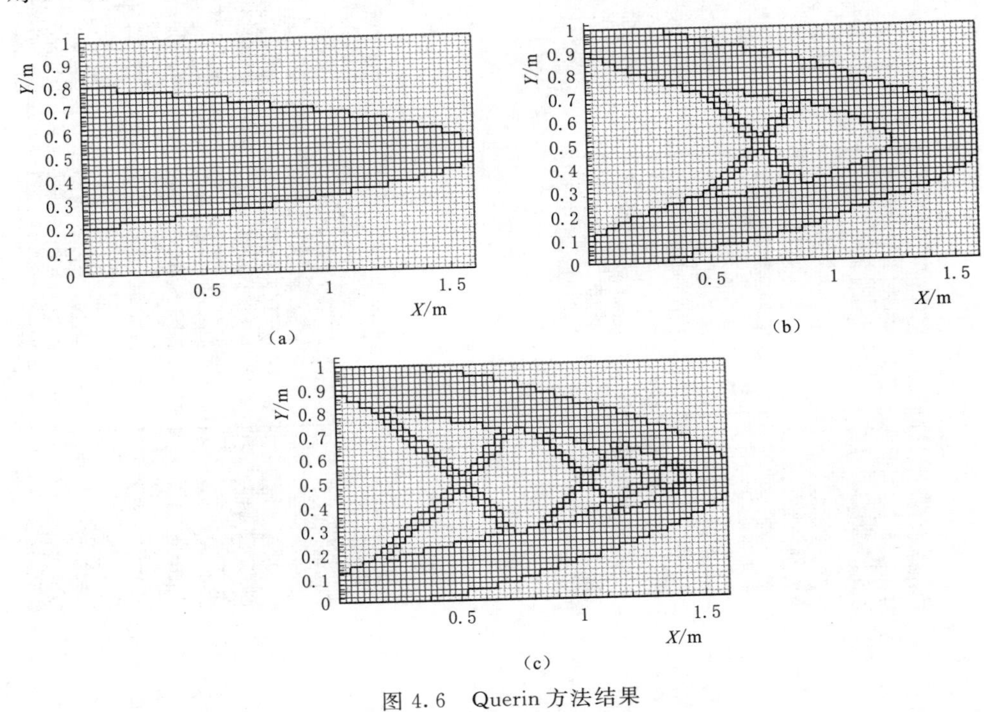

图 4.6　Querin 方法结果

（a）$c=0$；（b）$c=0.5$；（c）$c=1$

图4.7为本书方法得到的最优拓扑，表4.2为最优拓扑时的相对总应变能指标对比。从最优拓扑和优化指标对比来看，其基本结论与Michell桁架算例相同。

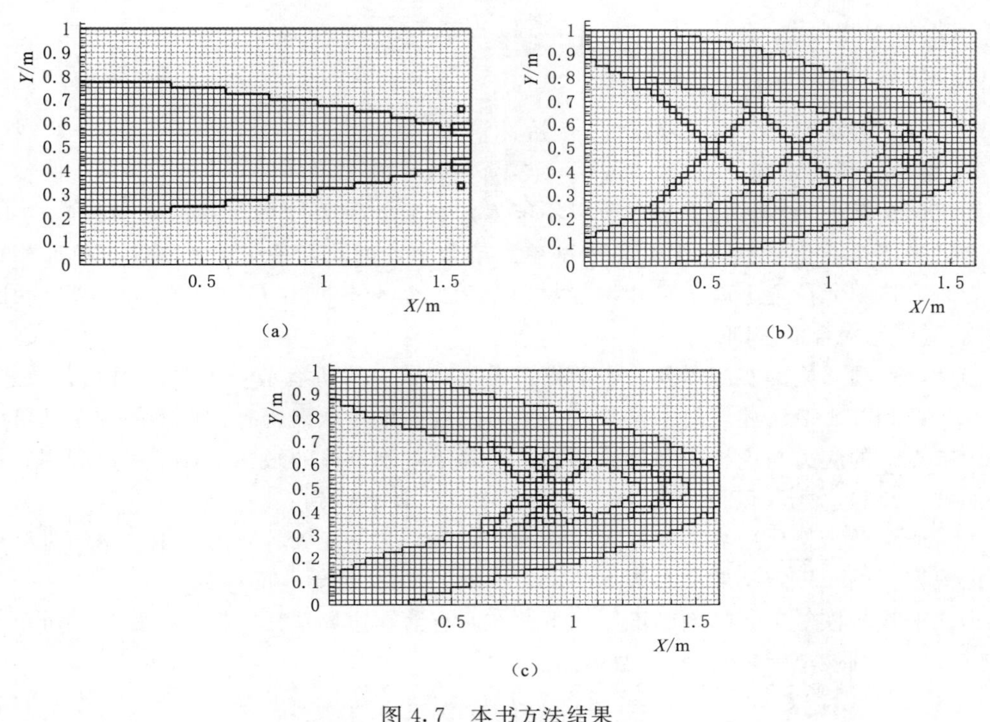

图4.7 本书方法结果

(a) $c=0$；(b) $c=0.5$；(c) $c=1$

表4.2 悬臂梁算例最优拓扑时相对总应变能指标对比

类别	初始拓扑	$c=1$	$c=0.5$	$c=0$
Querin方法结果	1.00	0.20	0.21	0.67
本书方法结果	1.00	0.21	0.20	0.68

4.3 双向固定网格渐进结构优化方法

在叠层复合材料板壳最优开孔的研究中，不仅希望得到最优的开孔形状，也希望同时得到最优开孔位置，而目前的固定网格渐进结构优化方法不能满足这个要求。在地下洞室支护加固优化过程中，需要逐步增加加固材料和减少加固材料的功能，而目前的固定网格渐进结构优化方法只能逐渐删除材料，并不能适用于地下洞室支护加固优化的情况。

本书在固定网格渐进结构优化方法的基础上提出了一种基于统一敏感度的增加材料的技术，发展了双向固定网格渐进结构优化方法。为避免重复，本书只阐述双向固定网格渐进结构优化方法与固定网格渐进结构优化方法不同的部分。

4.3.1 新的中止条件

考虑到双向渐进结构优化方法既能删除材料又能增加材料，因此，结构的初始体积往往是最优结构的目标体积，定义中止条件如下：

$$\left|\frac{V^{(k)}-V^{(0)}}{V^{(0)}}\right|\leqslant\tau_2 \tag{4.4}$$

式中 $V^{(k)}$——第 k 次迭代的结构体积；

$V^{(0)}$——结构的初始体积；

τ_2——预先定义的误差限。

4.3.2 增加材料的法则

固定网格渐进结构优化方法之所以不能增加材料，主要原因是当一个单元成为 O 型单元之后就不会再恢复到 I 型或者 N 型单元集合中，因此当某个单元中整个单元的材料被移走时，该单元位置上就不可能增加材料。因此，本书推出了一种使得 O 型单元能恢复到 N 型单元集合的法则。

当然，这项法则的实施需要一个前提：在设计域内的所有节点上都必须要有敏感度。综合 4.1 节和 3.1 节所述，对于基于应力的敏感度，设计域内所有节点上的敏感度可以通过域内节点上的应力与虚拟应力计算得到；而对于基于位移的敏感度，则可以利用虚拟位移按照式（4.1）、式（4.2）、式（4.3）、式（3.5）计算得到。

为了避免单步迭代边界改变过大引起的不收敛，本书发展的双向固定网格渐进结构优化方法只恢复图 4.1 定义的潜在边界单元，即取 c_2 为接近于 0 的小数。

本次迭代步恢复单元的判断准则如下：在所有潜在边界单元中搜索，如果某个单元满足式（4.5），则该单元恢复为 N 型单元。

$$\alpha_{m,n}\in(\alpha_{m1,n},\alpha_{m2,n},\alpha_{m3,n},\alpha_{m4,n})>\alpha_{\text{del}}\quad(m=1,2,\cdots,n_2) \tag{4.5}$$

式中 $(\alpha_{m1,n},\ \alpha_{m2,n},\ \alpha_{m3,n},\ \alpha_{m4,n})$——第 m 个潜在边界单元各节点的敏感度；

n_2——潜在边界单元的数目。

图 4.8 为程序是否有增加材料准则在确定单元分类上的差别，节点旁边的数值为当前步的节点敏感度，单元上所标注的符号分别表示 3 种类型的单元，阴影部分为边界单元，本次迭代的删除标准 α_{del} 为 4。如图 4.8（a）所示，为上一迭代步的边界单元及单元分类。根据节点敏感度与删除标准的比较，可以得到本次迭代步的边界单元和单元分类。图 4.8（b）为无增加材料法则时的单元分类结果，图 4.8（c）为有增加材料法则时的单元分类结果，从图中可以明显看出有增加材料法则时，当潜在边界单元满足式（4.5）时，

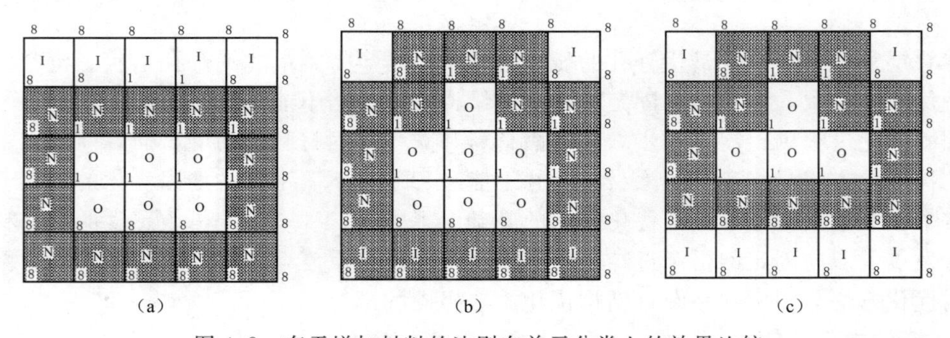

图 4.8 有无增加材料的法则在单元分类上的效果比较

（a）上一步迭代的边界单元；（b）无增加材料法则的结果；（c）有增加材料法则的结果

由 O 型单元恢复为 N 型单元，具备了增加材料的功能。

4.3.3　程序流程

考虑到在一步迭代中边界变化的连续性，在当前迭代步恢复单元操作之后，其单元属性需要到下一次迭代步生效，双向固定网格渐进结构优化方法的程序流程与固定网格渐进结构优化方法有所区别，如图 4.9 所示，以基于 Tsai - Hill 强度准则的双向固定网格渐进结构优化方法为例，概要如下：

(1) 确定设计域，初始域。在设计域内划分合适密度的正方形固定网格。施加约束及荷载。设定步长 ER，控制开孔参数 c 及其他常数 $\Delta V_{\min}$，误差限 t_2，初始边界单元。书写初始有限元计算文件等。

(2) 按照有限元计算文件进行固定网格有限元分析。

(3) 记录式 (3.4) 等目标信息。

(4) 检查式 (3.16)、式 (4.4) 判断程序是否中止，如果达到预定目标，则程序中止，如果没达到目标，则进入第 (5) 步。

(5) 按照式 (3.15) 判断是否达到稳定状态，如果达到稳定状态，则按照第 2 章中所述改变当前步的比例因子。

(6) 按照式 (3.1)、式 (3.2) 计算每个节点的敏感度。

(7) 按照式 (3.3) 计算当前迭代步的删除标准。

(8) 按照图 3.4 所示方法沿着上一步迭代所生成的边界搜索新的边界单元，并按照式 (3.9) 确定单元分类。

(9) 按照式 (3.14) 确定新开孔。

(10) 按照图 3.4 所示方法沿着新的边界单元重新搜索，并按照式 (3.9) 确定单元分类。

(11) 按照式 (3.11)、式 (3.12)、式 (3.13) 确定需要删除的材料以及新的边界。

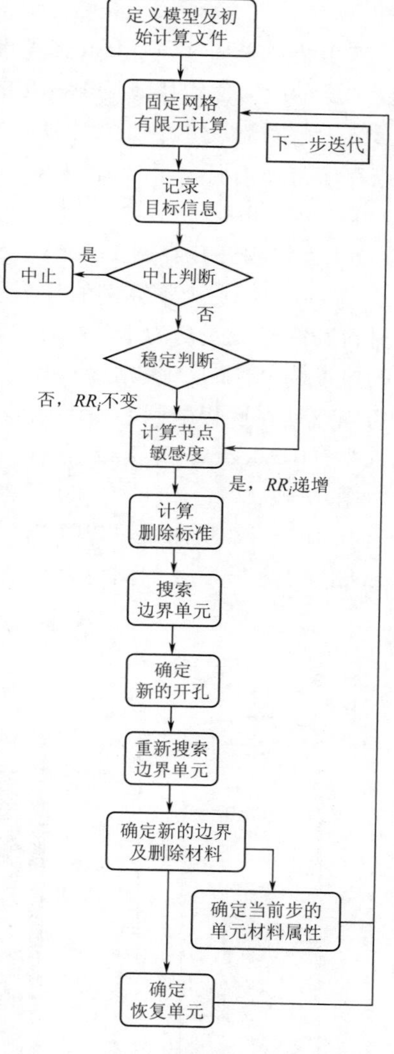

图 4.9　双向固定网格渐进结构优化方法流程图

(12) 按照式 (3.6)～式 (3.8) 决定当前步每个单元的面积比和单元材料属性，并生成有限元计算文件。

(13) 按照 4.3.2 中所述方法确定需要恢复的单元，并记录在另一个文件中。

(14) 重复 (2)～(13) 步。

4.4 复合材料壳结构开孔形状优化

本书以复合材料壳结构开孔形状优化为例验证双向固定网格渐进结构优化方法的适用性。

本节仍然采用 Tsai - Hill 强度准则，考虑到壳结构与平板结构的不同，在式（3.1）中用壳中面的应力值代替薄板中的相应指标来计算敏感度。复合材料分层采用 $[\pm45/0/90]_s$ 布置，分层材料与本书 3.5 中所用材料相同，基本属性见表 3.1。

在本节所有计算中，取 $ER=0.02$，$\Delta V_{\min}$ 取为 1 个最小单元的面积，$c=0$，$c_2=0.0001$，$t_2=0.001$。

4.4.1 壳结构开孔算例 1

图 4.10（a）为本算例的计算示意图，这种壳结构常见于机械的轴承套结构。叠层复合材料圆柱形壳受剪力 τ，拉力 σ 和内压 σ_i 作用，取 $\tau=0.3\text{MPa}$，$\sigma=1\text{MPa}$，$\sigma_i=2\text{MPa}$。壳的厚度为 0.02m，壳结构被离散为 80×84 个矩形单元，如图 4.10（b）所示。系统坐标的原点取在底板的圆心。考虑两个对称开孔的情况，初始开孔为 12×12 个单元，中心位置为（0，0.5m，1.5m）和（0，−0.5m，1.5m）。取 $RR_0=1.5$。

图 4.10（c）、图 4.10（d）是壳结构开孔的最优形状与初始开孔的对比，开孔面积 $A_c=0.405\text{m}^2$，从图中可以看出，最优孔形大致为椭圆形，本书得到的壳结构开孔的最优形状与 3.5 节所述的同应力水平下的平板结构开孔最优形状具有可比性。

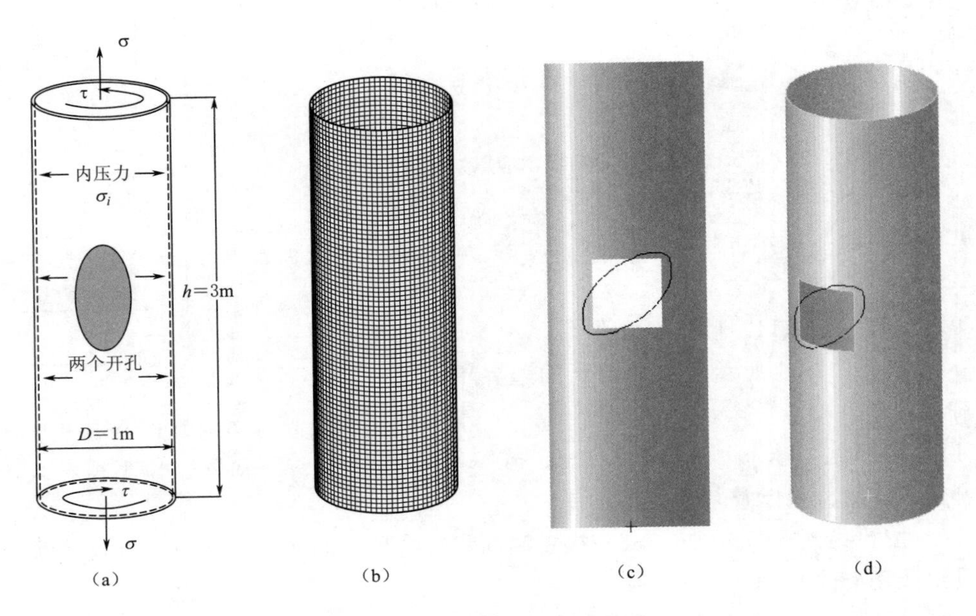

图 4.10 壳结构开孔例 1 示意图

（a）计算示意图；（b）网格剖分图；（c）最优孔形与初始孔形正视图；（d）最优孔形与初始孔形立体图

4.4.2　壳结构开孔算例 2

图 4.11（a）为本算例的计算示意图，这种壳结构可见于飞行器中的结构。叠层复合材料圆台形封闭壳结构只受内压 σ_i 作用，取内压为 1 个大气压，$\sigma_i=0.1\text{MPa}$。壳结构侧面的厚度为 0.01m，上下两个圆盘的厚度为 0.05m，壳结构的侧面为设计域，被离散为 184×44 个矩形单元，如图 4.11（b）所示。系统坐标的原点取在底板的圆心。考虑两个对称开孔的情况，初始开孔尺寸为 12×12 个单元，中心位置为（0，1.4m，1.22m）和（0，−1.4m，1.22m）。取 $RR_0=1.3$。

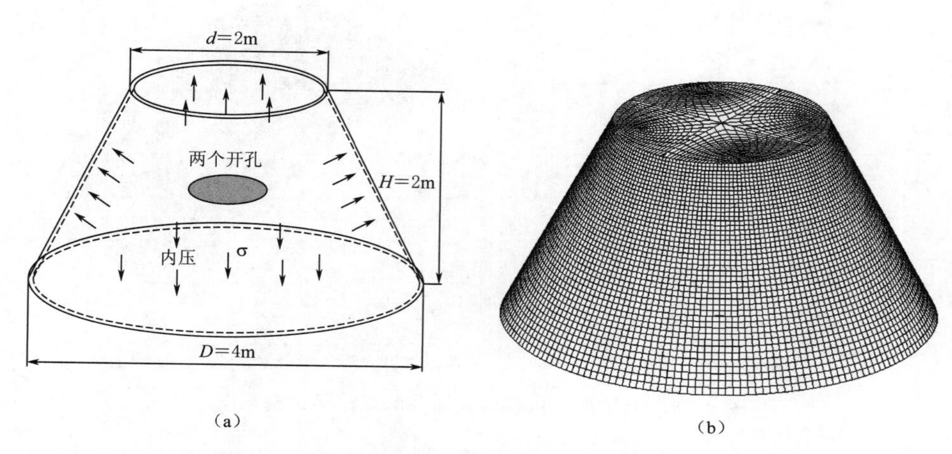

图 4.11　壳结构开孔算例 2 计算示意与网格剖分图

(a) 计算示意图；(b) 网格剖分图

图 4.12（a）、图 4.12（b）是壳结构开孔的最优形状与初始开孔的对比，最优开孔面积 $A_c=0.7\text{m}^2$，初始开孔面积 $A_c=0.73\text{m}^2$。在圆柱形壳结构在本书应力水平下最优开孔大致为椭圆形，而从图中可以看出，圆台形壳结构的最优开孔形状是不一样的，它的开孔的两端向底盘延长。

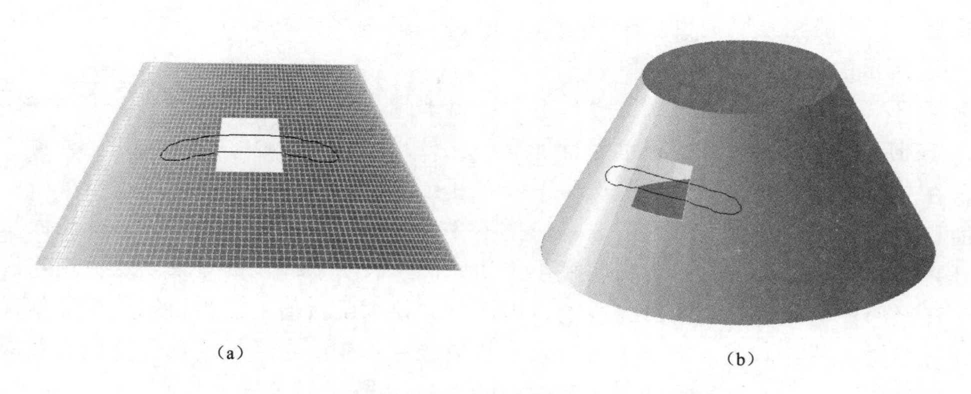

图 4.12　壳结构开孔算例 2 最优孔形

(a) 最优孔形与初始孔形正视图；(b) 最优孔形与初始孔形立体图

4.4.3 壳结构开孔算例 3

为了考察相互临近的两孔形状优化的历程以及两孔间相互影响的效果，本书研究了叠层复合材料圆弧形壳结构受拉力和表面压力作用时最优开孔问题。图 4.13（a）为壳结构开孔算例 3 的计算示意图，这个壳结构是由飞机机身的结构概化而来。取 $\sigma_i=0.1\text{MPa}$，$\sigma=0.25\text{MPa}$，壳没有施加荷载的两侧为法向约束。壳的厚度为 0.01m，壳结构被离散为 80×105 个矩形单元，如图 4.13（b）所示。

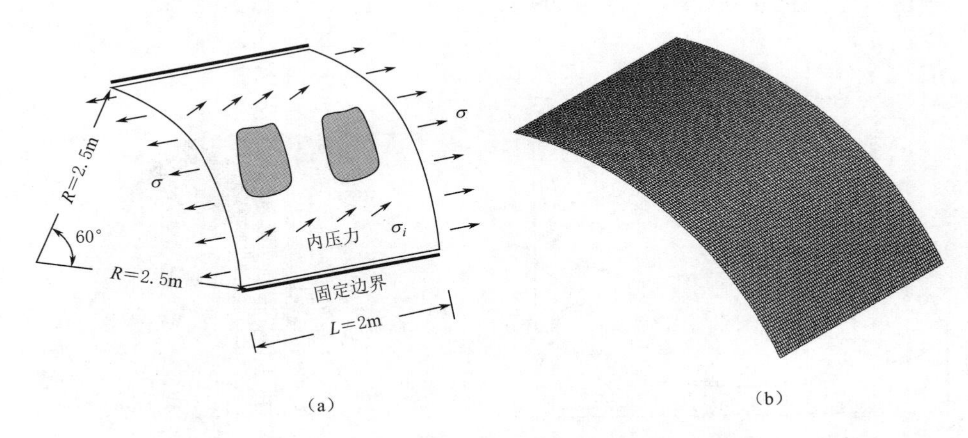

图 4.13　壳结构开孔算例 3 计算示意与网格剖分图

（a）计算示意图；（b）网格剖分图

系统坐标的原点取在左侧圆弧的圆心。考虑两个对称开孔的情况，初始开孔尺寸为 18×18 个单元，中心位置的坐标为（1.26m，0.575m，2.159m）和（1.26m，1.425m，2.159m）。取 $RR_0=0.9$。

图 4.14（a）～图 4.14（f）表示了两孔最优形状相互影响的过程。在优化开始阶段，两孔尺寸远小于两孔中心的距离。两孔间几乎没有影响，孔形为标准的椭圆，如图 4.14（a）、图 4.14（b）所示。如图 4.14（c）、图 4.14（d）所示，随着优化的进程，两孔越来越接近，孔形的相互影响也越来越明显，孔形的椭圆越来越扁平，直到达到如图 4.14（e）、（f）所示的状态。

为了监测孔形优化的效果及历程，本书给出了规一化的应力差别函数值的历程曲线，如图 4.15 所示，图 4.15 的面积也进行了规一化处理。从图 4.15 可以看出，随着优化的进行，在一开始，应力差别函数值迅速下降，开孔面积也减小，下降到一定程度后，随着开孔面积的增加，应力差别函数值或者保持不变或者缓慢增加，当最优孔形开孔面积等于初始开孔面积时，应力差别函数值明显小于初始值，表明了优化的效果。这一现象说明程序对于孔形的优化是在最初阶段完成的，因而应力差别函数值下降很快，后半部的优化只是等比例的扩大开孔面积，因而应力差别函数值保持不变或者缓慢增加。这也为双向固定网格渐进结构优化方法的有效性提供了有力的证明。

4.4.4 荷载对最优孔形的影响

不同的荷载和约束条件对最优开孔形状有显著的影响，本书用壳结构开孔算例 3 研究

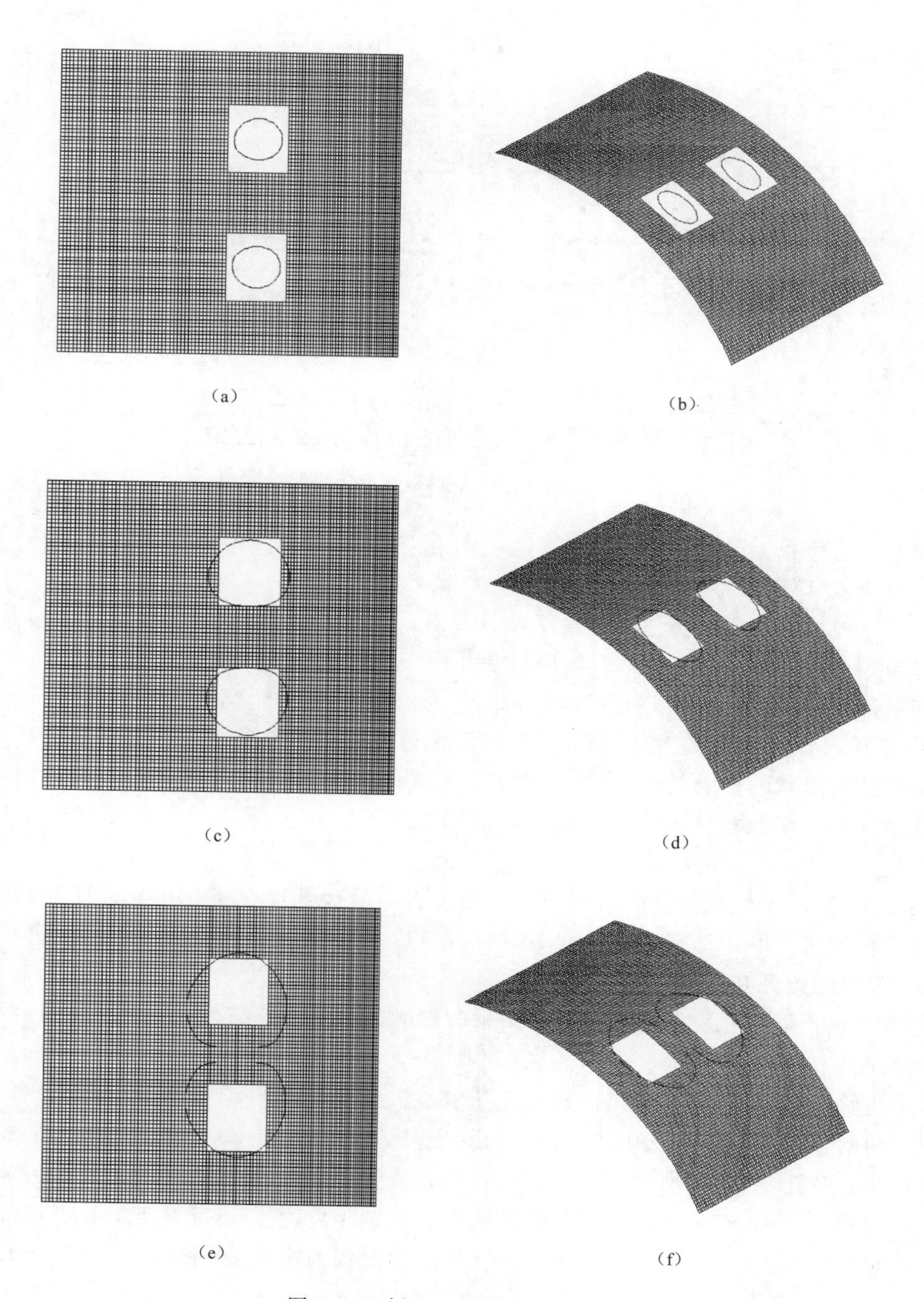

图 4.14　例 3 最优孔形优化历程

(a) 最优孔形与初始孔形俯视图（$A_c=0.153\text{m}^2$）；(b) 最优孔形与初始孔形立体图（$A_c=0.153\text{m}^2$）；
(c) 最优孔形与初始孔形俯视图（$A_c=0.402\text{m}^2$）；(d) 最优孔形与初始孔形立体图（$A_c=0.402\text{m}^2$）；
(e) 最优孔形与初始孔形俯视图（$A_c=0.775\text{m}^2$）；(f) 最优孔形与初始孔形立体图（$A_c=0.775\text{m}^2$）

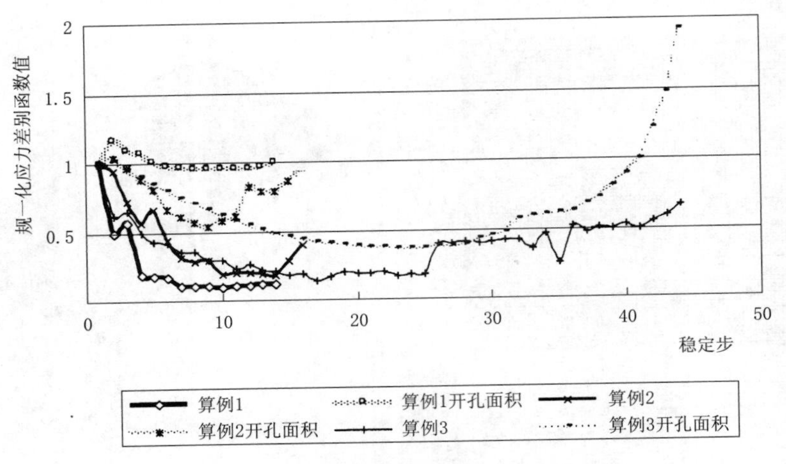

图 4.15　规一化应力差别函数值历程曲线图

了 3 种不同的荷载工况：

1）$\sigma_i=0.1\text{MPa}$，$\sigma=0.1\text{MPa}$，$RR_0=0.8$。

2）$\sigma_i=0.1\text{MPa}$，$\sigma=0.25\text{MPa}$，$RR_0=0.9$。

3）$\sigma_i=0.1\text{MPa}$，$\sigma=0.5\text{MPa}$，$RR_0=0.7$。

其他计算条件与壳结构开孔算例 3 相同。

图 4.16（a）～图 4.16（f）显示了不同荷载对最优孔形的影响。从结果来看，不同荷载对最优开孔形状的影响是显著的，3 种工况的最优开孔几乎都是椭圆形，其长短轴之比与荷载中 σ 与 σ_i 的比值正相关，σ 越小，椭圆越扁平。这一规律与平板结构的规律是一致的。

图 4.17 显示了优化指标的历程曲线，结果表明最优孔形在优化指标方面比初始孔形有了明显的改善，其中荷载取 $\sigma_i=0.1\text{MPa}$，$\sigma=0.25\text{MPa}$ 时，优化指标改善最明显。

4.4.5　不同初始开孔对最优开孔的影响

本节考察不同开孔位置和尺寸对于结果的影响。本书用壳结构开孔算例 3 研究了 5 种不同的工况：

1）初始开孔 24×24 个单元，初始开孔中心位置距离边界 23 个单元，$RR_0=1.0$。

2）初始开孔 18×18 个单元，初始开孔中心位置距离边界 23 个单元，$RR_0=0.9$。

3）初始开孔 18×18 个单元，初始开孔中心位置距离边界 17 个单元，$RR_0=0.5$。

4）初始开孔 18×18 个单元，初始开孔中心位置距离边界 13 个单元，$RR_0=0.6$。

5）初始开孔 12×12 个单元，初始开孔中心位置距离边界 20 个单元，$RR_0=1.5$。其他条件与壳结构开孔算例 3 相同。

图 4.18（a）～图 4.18（j）分别是 5 种不同的初始开孔时的最优解。为便于比较，最优解的开孔面积大致等于 0.405m^2。从图中可以看出，这 5 种工况的最优开孔形状基本一致，而开孔位置有所差别，最优孔形边缘距离边界分别为 15、15、9、10、12 个单元。

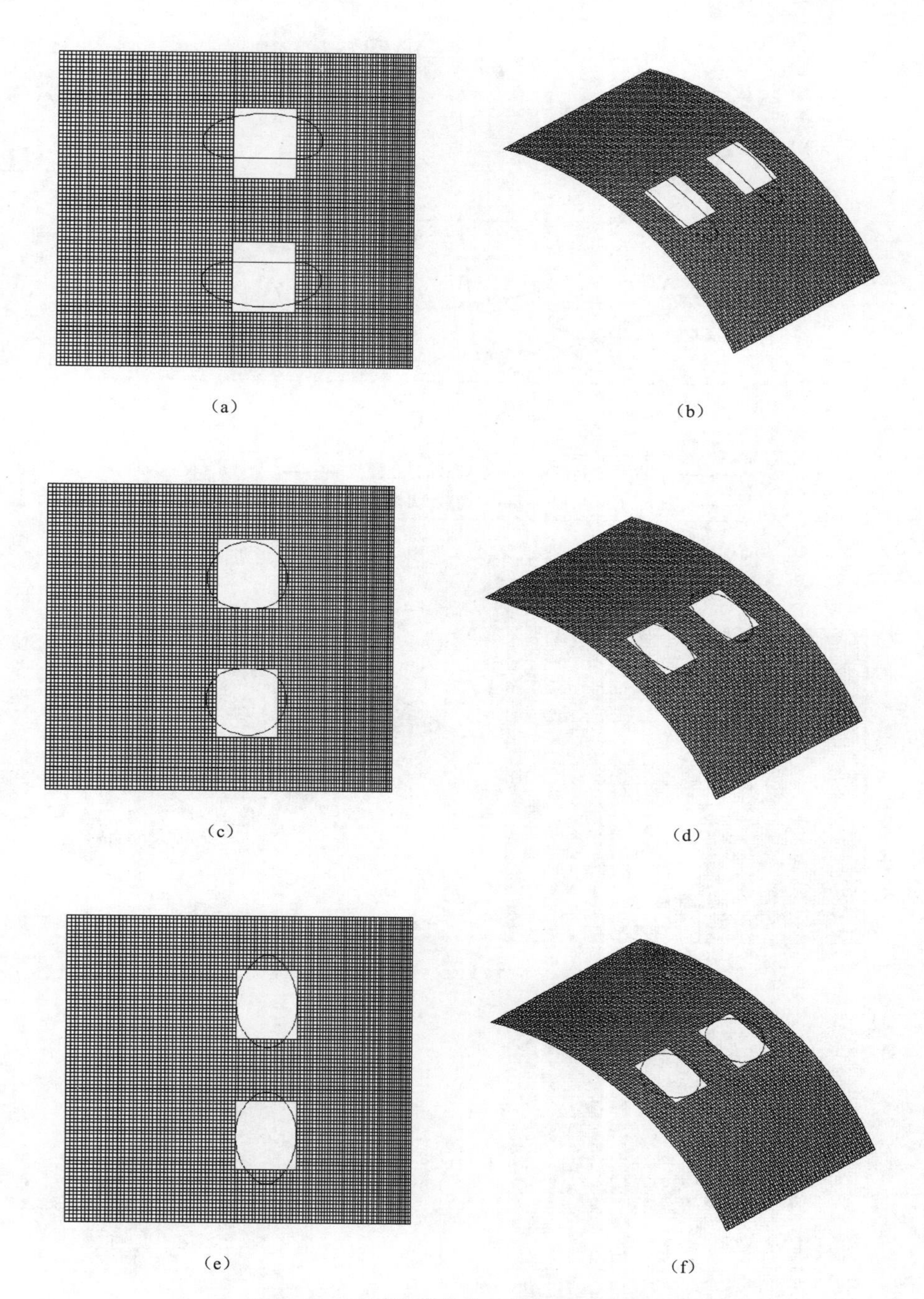

图 4.16　不同荷载条件对最优孔形的影响

(a) $\sigma_i=0.1$MPa，$\sigma=0.1$MPa 时最优孔形与初始孔形俯视图；(b) $\sigma_i=0.1$MPa，$\sigma=0.1$MPa 时最优孔形与初始孔形立体图；(c) $\sigma_i=0.1$MPa，$\sigma=0.25$MPa 最优孔形与初始孔形俯视图；(d) $\sigma_i=0.1$MPa，$\sigma=0.25$MPa 最优孔形与初始孔形立体图；(e) $\sigma_i=0.1$MPa，$\sigma=0.5$MPa 最优孔形与初始孔形俯视图；(f) $\sigma_i=0.1$MPa，$\sigma=0.5$MPa 最优孔形与初始孔形立体图

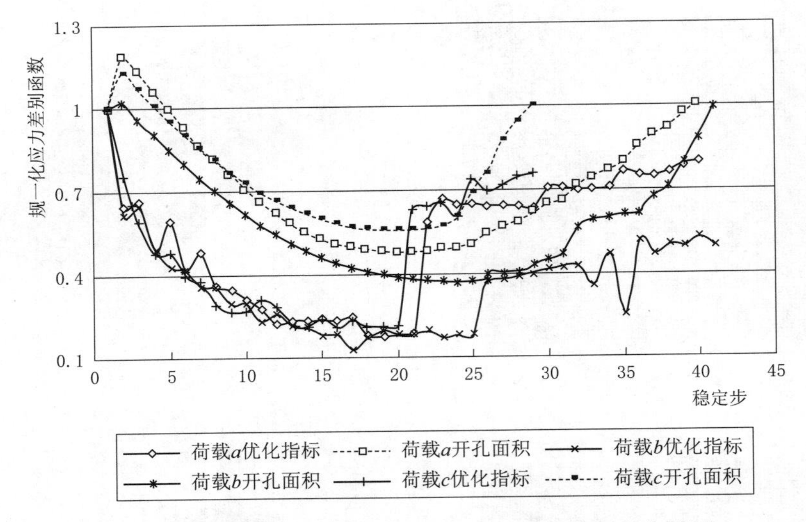

图 4.17　不同荷载条件下规一化应力差别函数历程曲线图

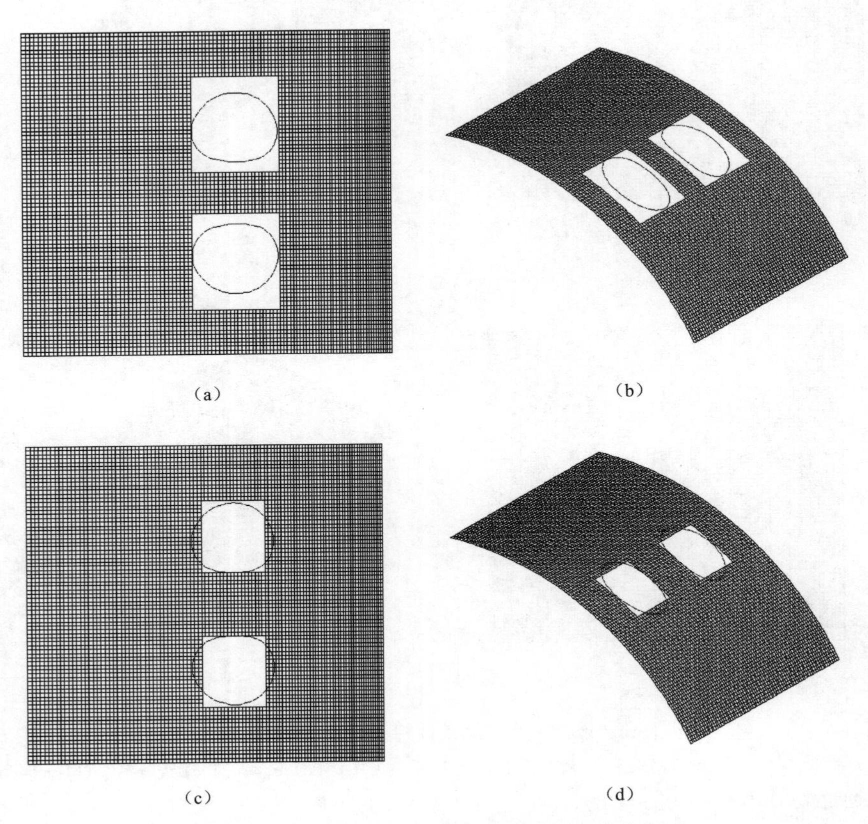

图 4.18（一）　不同初始开孔对最优孔形的影响

(a) 工况 1 最优孔形与初始孔形俯视图；(b) 工况 1 最优孔形与初始孔形立体图；
(c) 工况 2 最优孔形与初始孔形俯视图；(d) 工况 2 最优孔形与初始孔形立体图

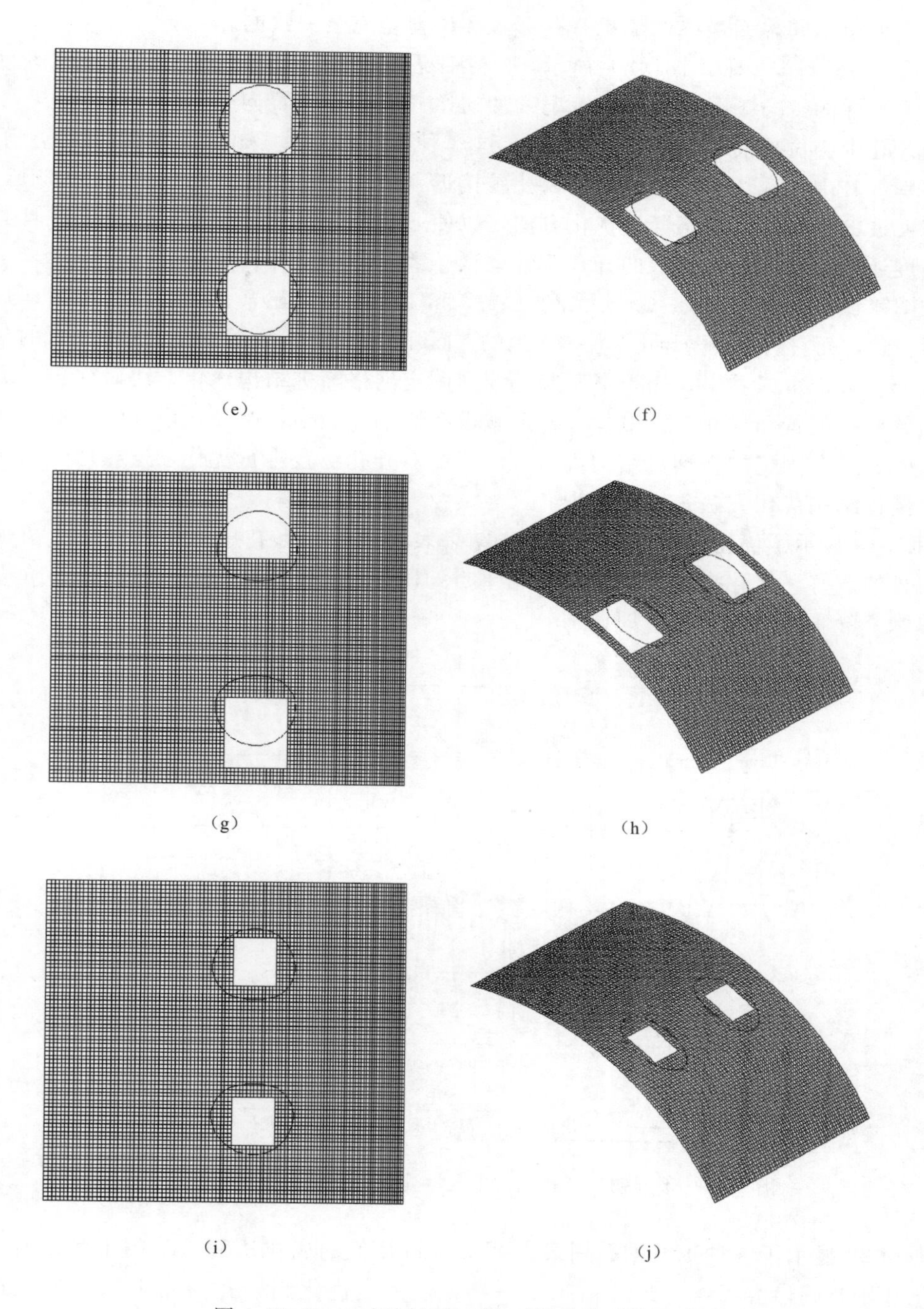

图 4.18（二）　不同初始开孔对最优孔形的影响

(e) 工况 3 最优孔形与初始孔形俯视图；(f) 工况 3 最优孔形与初始孔形立体图；
(g) 工况 4 最优孔形与初始孔形俯视图；(h) 工况 4 最优孔形与初始孔形立体图；
(i) 工况 5 最优孔形与初始孔形俯视图；(j) 工况 4 最优孔形与初始孔形立体图

如图 4.18（a）～图 4.18（d）所示，工况 1 和工况 2 的初始开孔中心位置一样，只是初始开孔大小不同，而最终的最优开孔形状和位置是完全一致的。

如图 4.18（c）～图 4.18（h）所示，3 种工况的初始开孔大小是一样的，而初始开孔位置是不一样的，与工况 2 相比，工况 3 的初始开孔中心位置向外平移 6 个单元，工况 4 的初始开孔中心位置向外平移 10 个单元。这 3 种工况的最优解的孔形是一致的，开孔位置有差别。其中工况 3 和工况 4 的结果比较接近，最优开孔位置差别小于 1 个单元。这说明本书发展的双向固定网格渐进优化方法可以使开孔位置得到一定程度的优化，但是其优化的精度还不足以使最优孔形的开孔位置完全一致。

如图 4.18（c）～图 4.18（j）所示，工况 5 和工况 2 的初始开孔中心位置不同，开孔大小也不一致，而它们的最优开孔形状是一致的，而开孔位置的差别等于初始开孔位置的差别。

从上述分析可以看出，用本书发展的双向固定网格渐进结构优化方法研究孔形优化问题，初始开孔位置和尺寸对于最优开孔形状没有影响；而当初始开孔位置偏离最优开孔位置过远时，双向固定网格渐进结构优化方法还能对开孔位置进行优化，这相对于原有的固定网格渐进结构优化方法是一个进步。

图 4.19 显示了优化指标的历程曲线，结果表明最优孔形在优化指标方面比初始孔形有了明显的改善。优化指标历程曲线的规律与如图 4.11 所示的规律一致：初始阶段优化指标急剧下降，后半段缓慢增加。

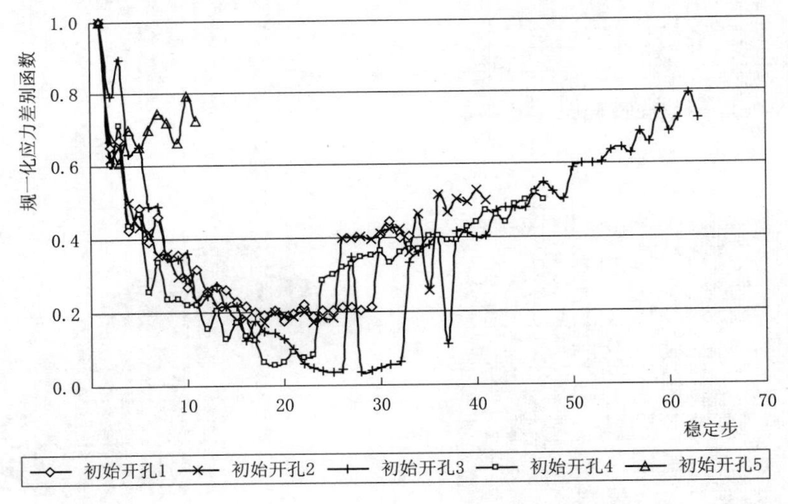

图 4.19　不同初始开孔条件下规一化应力差别函数历程曲线图

图 4.20 显示了 5 种工况的孔周最大 Tsai - Hill 值的变化历程，从图中可以看出，尽管优化开始时的最大 Tsai - Hill 值很不一样，但是当优化到开孔为 0.405m^2 时，这 5 种工况的孔周最大 Tsai - Hill 值几乎是一样的。这一规律也从侧面解释了本书方法不能使最优解开孔位置重叠的原因：当开孔位置偏离最优位置太远时，最大 Tsai - Hill 值差别很大，这给了本书方法优化的动力；而当开孔位置距离最优位置较近时，本书方法就缺乏继续优化的动力。

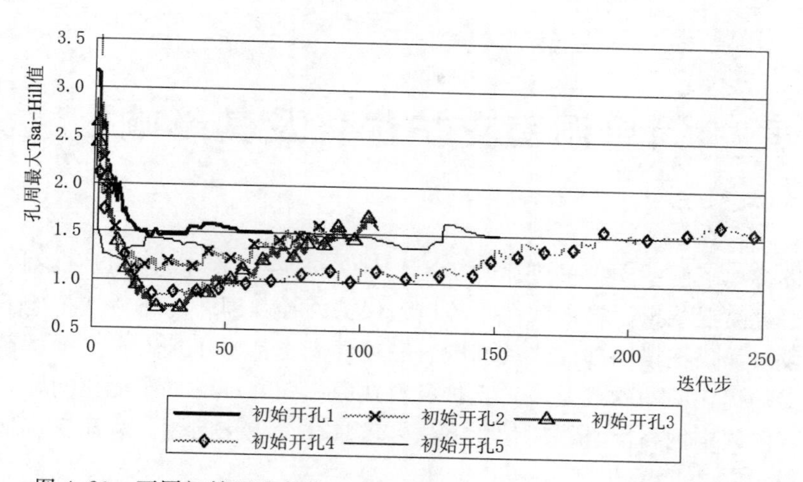

图 4.20　不同初始开孔条件下孔周最大设计 Tsai－Hill 值历程曲线图

4.5　小结

（1）发展了一种在设计域所有节点上都存在的统一敏感度指标，运用基于统一敏感度的增加材料的技术进行了简单算例研究，结果与原有方法具有可比性，为建立基于固定网格的双向渐进结构优化方法奠定了基础。

（2）发展了基于固定网格的双向渐进结构优化方法，这种方法能实现基于固定网格的双向优化功能，适用于地下洞室支护拓扑优化。

（3）把双向固定网格渐进结构优化方法用于壳结构的开孔优化，在优化孔形的同时，对开孔位置也进行一定程度的优化。这一现象表明本书方法的优势在于能减少最优拓扑和形状对于初始迭代点的依赖，更有利于获取全局最优解。

（4）用本书方法研究了几个基于工程概念的壳结构开孔形状优化问题，得到了一些有意义的结论：最优开孔形状与荷载密切相关；复合材料壳结构的最优开孔形状与同应力特征条件下的薄板结构最优开孔形状具有可比性。

第 5 章　简单洞室支护优化及其影响因素分析

新奥法进行地下洞室支护的基本原则就是地下洞室的稳定性可以依靠围岩本身来维持，因此，通过喷混凝土、锚固和灌浆等措施保持并加强围岩的完整性是地下洞室工程支护的基本手段。如果把锚固和灌浆后的围岩和喷混凝土都看作是人工支护材料，就可以把地下洞室的支护优化问题看成是人工支护材料在原始围岩中的分布优化问题，就可以采用本书发展的双向固定网格渐进结构优化方法来求解这个优化问题，从而实现地下洞室支护的优化设计和研究。

本章首先建立简单洞室的线弹性有限元分析模型，引入简单洞室稳定评价的目标函数，推导相应的敏感度，并以开挖卸荷产生的总应变能最小和底鼓、帮鼓量最小为目标函数进行最优支护研究，验证本书方法的适用性。之后，在前人工作的基础上，建立锚固岩体等效力学模型，研究在等锚距条件下以控制洞室变形为目标函数的最优锚固深度分布，考察了不同目标函数、不同地应力、不同岩体性质、不同加固量、不同边界条件、软弱带等因素对最优锚固深度规律的影响，得到了简单洞室最优锚固深度的一些规律。然后在规定锚固范围和深度的条件下对锚固间距进行优化，并与不规定锚固区域同时考虑锚距优化和锚深优化的情况进行对比。

5.1　简单洞室有限元计算模型

本书采用材料分区的线弹性有限元方法作为分析方法。岩体的蠕变等非线性行为也可以通过将弹性模量定义为以长期模量作为渐近线的时间函数来近似处理。由于采用材料线弹性假定进行计算，支护设计与洞室开挖的相对次序无关，对于规模较小的简单洞室采用全断面一次开挖，对于其基本规律的研究是一个可以接受的假定。

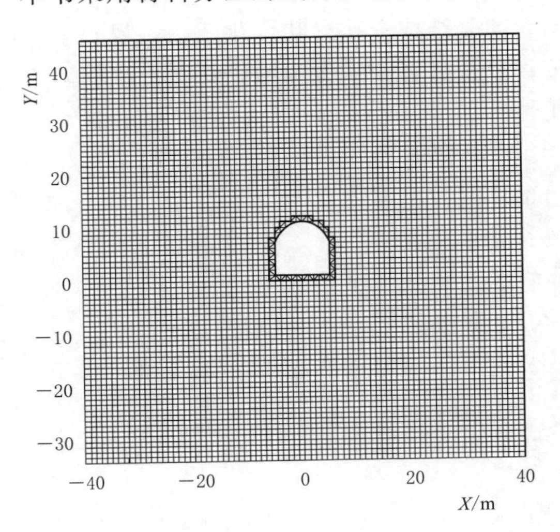

图 5.1　单洞室最优支护分析有限元模型

考虑到洞室一般都很长，可以视为平面应变问题。有限元计算经验表明，当取 3～5 倍洞径计算地基时，其结果可以近似于采用实际的半无限平面地基时的结果。

本章讨论简单洞室最优支护的情况。图 5.1为单洞室最优支护分析有限元模型图。考虑单个洞室的情况，洞室形状为实际工程中常见的城门洞形，宽10m，直墙高5m，顶拱为直径10m的半圆，计算所用地基上下、左右均取35m。洞周附近为三角形单元，是预先给定的喷锚支护层，始终取与人工支护材料一样的力学参数，不参与优化；其他部位均为1m×1m的矩形单元，为支护优化的设计域。以底板中点以下1m处为坐标原点，水平方向为x向，垂直方向为y向。本书计算模型通过赋予单元不同的力学参数的方式来模拟岩石的加固。

5.2 几种典型的简单洞室稳定评价目标函数

5.2.1 以卸荷引起的总应变能为目标函数

绪论中提到了几种目前用到的地下洞室稳定评价准则，其中以屈服区大小比较常用。本书的工作基于线弹性有限元分析，因此，并不能建立诸如屈服区大小之类的非线性力学参数作为目标函数。地下洞室的开挖实质上是岩体地应力释放的过程，这种应力释放导致围岩应力的重新调整。在线弹性的框架内，可以把开挖过程中卸荷产生的系统应变能作为对围岩系统扰动大小的度量。为提高围岩的稳定性，最优支护应该使卸荷产生的应变能最小。因此，本书提出把卸荷产生的应变能作为目标函数，其表达形式与第2章的总柔顺度目标函数相似，不同的是，荷载变成了洞室开挖产生的卸荷，这里不再赘述。

5.2.2 防治洞室底鼓、帮鼓的目标函数

在软岩工程中，洞室的变形往往是关注的指标。在煤矿巷道开挖中，底鼓、帮鼓量是控制的目标，因此本章提出把控制底鼓、帮鼓作为目标函数。

本书建立标志底鼓量的目标函数如下：

$$\Phi=\frac{E^{(r)}h}{2}(u_2^f-u_2^c)^2 \tag{5.1}$$

式中 $E^{(r)}$——岩石的弹性模量；

h——标志洞室大小的量；

u_2^c——洞室两脚点的垂直位移；

u_2^f——洞室底板中点的垂直位移。

在某种地应力条件下，帮鼓问题往往比底鼓问题更加突出，本书建立标志帮鼓量的目标函数如下：

$$\Phi=E^{(r)}h(u_1^s-u_1^c)^2 \tag{5.2}$$

式中 u_1^c——洞室两脚点的水平位移；

u_1^s——洞室底板中点的水平位移。

在某些地应力条件下，帮鼓和底鼓都是需要考虑的对象，因此，本书建立标志帮鼓、底鼓综合量的目标函数如下：

$$\Phi=\frac{E^{(r)}h}{2}(u_2^f-u_2^c)^2+E^{(r)}h(u_1^s-u_1^c)^2 \tag{5.3}$$

5.2.3 描述洞室总变形和顶底与边墙相对变形的目标函数

洞室总的变形是一个系统量，所建立的目标函数应与监测反馈系统相适应。洞室变形

的度量方法有很多种，比较简易的方法如图 5.2(a) 所示，直接测 AC 和 BD 的相对位移，描述的是顶底和边墙之间的相对位移。有时为了测量围岩变形的不对称性，也可以加测 CB 和 CD 点。对于洞室全断面变形可采用两种方法测量如图 5.2(b) 和图 5.2(c) 所示。图 5.2(b) 的测量方法是在洞室周边取一些两两相对的点，通过测量两对点间的距离变化来确定洞室变形情况。图 5.2(c) 为扇形布置法，取洞室底板中点为基点，测量周边点相对于洞室底板中点的位移来确定洞室变形情况。图 5.2(b) 和图 5.2(c) 所示的两种监测方式所监测的都是相对位移，而且具有扩充性，比如，在图 5.2(c) 中也可以使用顶部中点作为基点。

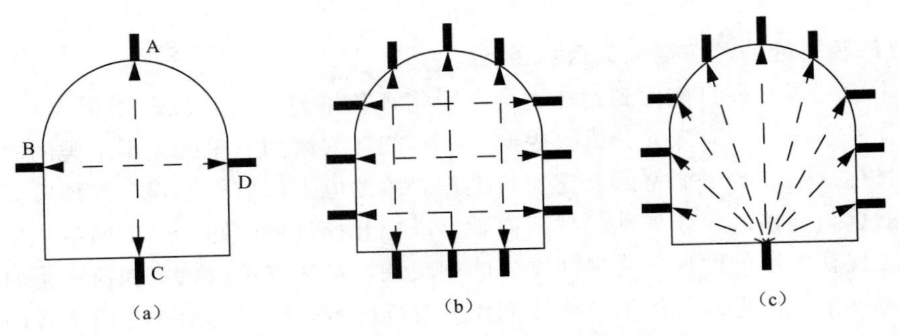

图 5.2 洞室变形的观测方法

(a) 简单描述顶底和边墙变形的监测方式；(b) 系统描述顶底和边墙变形的监测方式；(c) 描述底部中点为基准点的洞室变形的监测方式

实际上，在建立目标函数的问题上，图 5.2 中所述 3 种情况具有相同的格式。由于只能监测到开挖之后的位移，因此，所建立的目标函数必须考虑减去初始沉降引起的位移。以描述相对于某个监测点的洞室总变形为例，目标函数为

$$\Phi=\frac{E^{(r)}}{2h}\int_{\Gamma_1}[(\boldsymbol{u}-\boldsymbol{u}_0)-(\boldsymbol{u}_{\mathrm{pr}}-\boldsymbol{u}_{\mathrm{pr0}})]^2\mathrm{d}\Gamma \tag{5.4}$$

式中 $E^{(r)}$——某个标志性的岩体材料弹性模量；

h——标志洞室大小的量；

$\boldsymbol{u}$、$\boldsymbol{u}_0$——相对监测点的位移向量；

$\boldsymbol{u}_{\mathrm{pr}}$、$\boldsymbol{u}_{\mathrm{pr0}}$——相对监测点在洞室开挖前由于地基沉降引起的位移向量；

平方号——向量的点积。

上述公式的量纲与单位洞室长度的能量量纲一致，常数 $E^{(r)}/(2h)$ 只影响目标函数的绝对量，而对相对值没有影响。

考虑到双向固定网格渐进结构优化方法中使用均匀的有限元网格，因此，建立实用的目标函数为

$$\Phi=\frac{E^{(r)}d}{2h}\sum_{i=1}^{n}[(u_i-u_{i,0})-(u_{i,\mathrm{pr}}-u_{i,\mathrm{pr0}})]^2 \tag{5.5}$$

式中 d——标志网格尺寸的量；

n——所监测的相对节点对的数量。

图 5.2(a) 所示的描述顶底和边墙相对位移的目标函数也如式（5.4）、式（5.5）所示，只是式中 $\boldsymbol{u}$，$\boldsymbol{u}_0$，$\boldsymbol{u}_{\mathrm{pr}}$ 和 $\boldsymbol{u}_{\mathrm{pr0}}$ 所表示的意义不同。

5.3　洞室稳定评价目标函数的敏感度推导

5.2 节中引入的几种目标函数都是基于位移的，节点敏感度可以由单元敏感度按照式（3.5)均化得到，本章只需推导这几种目标函数的单元敏感度即可。

以总应变能为目标函数的敏感度计算公式在第 2 章已经给出，如式（2.15）所示。

5.3.1　防治底鼓、帮鼓的敏感度推导

防治底鼓的目标函数的敏感度为

$$\alpha_{k,e}=\Delta\Phi=(E_{\mathrm{rock}}h\,|u_2^f-u_2^c|)\cdot\Delta(|u_2^f-u_2^c|) \tag{5.6}$$

由式（2.21）可得

$$\Delta(u_2^f-u_2^c)=\{u_{f,c}\}^T([K_{i,\mathrm{rein}}]-[K_{i,\mathrm{rock}}])\{u_i\} \tag{5.7}$$

考虑到对称性，以城门洞形洞室为例，如图 5.3 所示，$\{u_{f,c}\}$ 是施加 $F_1=1$，$F_2=0$ 时所产生的位移向量，$[K_{i,\mathrm{rein}}]$ 是第 k 个单元的加固后岩体的刚度矩阵，$[K_{i,\mathrm{rock}}]$ 是第 k 个单元的加固前岩体的刚度矩阵。则：

$$\alpha_{k,e}=(E_{\mathrm{rock}}h\,|u_2^f-u_2^c|)\cdot\{u_{f,c}\}^T([K_{i,\mathrm{rein}}]-[K_{i,\mathrm{rock}}])\{u\} \tag{5.8}$$

同样，防治帮鼓的目标函数的敏感度为

$$\alpha_{k,e}=(E_{\mathrm{rock}}h\,|u_1^s-u_1^c|)\cdot\{u_{s,c}\}^T([K_{i,\mathrm{rein}}]-[K_{i,\mathrm{rock}}])\{u\} \tag{5.9}$$

考虑到对称性，以城门洞形洞室为例，如图 5.3 所示，$\{u_{s,c}\}$ 是施加 $F_1=0$，$F_2=1$ 时所产生的位移向量。

类似地，防治帮鼓底鼓的目标函数的敏感度为

$$\alpha_{k,e}=\Delta\Phi=w_2\cdot\Delta(|u_2^f-u_2^c|)+w_1\cdot\Delta(|u_1^s-u_1^c|) \tag{5.10}$$

式中　$w_2=E^{(r)}h\,|u_2^f-u_2^c|$，$w_1=2E^{(r)}h\,|u_1^s-u_1^c|$。

将式（5.7)、式（5.9）代入得

$$\alpha_{k,e}=\{u_{f,s,c}\}^T([K_{i,\mathrm{rein}}]-[K_{i,\mathrm{rock}}])\{u\} \tag{5.11}$$

式中　$\{u_{f,s,c}\}$ ——当施加荷载 $F_1=E^{(r)}h\,|u_2^f-u_2^c|$、$F_2=2E^{(r)}h\,|u_1^s-u_1^c|$ 产生的位移向量，如图 5.3 所示。

5.3.2　以洞室总变形为目标函数的敏感度推导

以式（5.5）所表述的目标函数的敏感度推导为例，敏感度为

$$\alpha_{k,e}=\Delta\Phi=\frac{E^{(r)}d}{2h}\sum_{i=1}^{n}[(u_i-u_{i0}-u_{i,\mathrm{pr}}+u_{i0,\mathrm{pr}})\Delta(u_i-u_{i0}-u_{i,\mathrm{pr}}+u_{i0,\mathrm{pr}})] \tag{5.12}$$

考虑到 $u_{i,\mathrm{pr}}$ 和 $u_{i0,\mathrm{pr}}$ 为常数，由式（2.21）可得

$$\begin{aligned}\Delta(u_i-u_{i0}-u_{i,\mathrm{pr}}+u_{i0,\mathrm{pr}})&=\Delta(u_i-u_{i0})\\&=\{\delta_{i,i0}\}^T([K_{k,\mathrm{rein}}]-[K_{k,\mathrm{rock}}])\{u_k\}\end{aligned} \tag{5.13}$$

考虑到洞室开挖中 i 和 $i0$ 两个自由度一般是相向运动，式中 $\{\delta_{i,i0}\}$ 是在结构 i，$i0$ 两个自由度上施加方向相对大小为 1 的荷载所产生的第 k 个单元的位移。

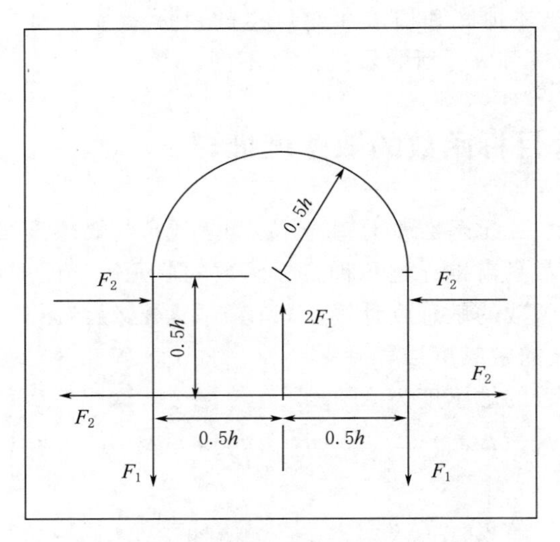

图 5.3 虚拟荷载示意图

将式（5.13）代入式（5.12）得

$$\begin{aligned}\alpha_{k,e}&=\frac{E^{(r)}d}{2h}\sum_{i=1}^{n}[(u_i-u_{i0}-u_{i,\mathrm{pr}}+u_{i0,\mathrm{pr}})\{\delta_{i,i0}\}][([K_{k,\mathrm{rein}}]-[K_{k,\mathrm{rock}}])\{u_k\}\\&=\frac{E^{(r)}d}{2h}\{\delta_{i,i0,\mathrm{all}}\}^T([K_{k,\mathrm{rein}}]-[K_{k,\mathrm{rock}}])\{u_k\}\end{aligned}\tag{5.14}$$

考虑到地应力条件下，洞室位移方向一般是相对的，式中 $\{\delta_{i,i0,\mathrm{all}}\}$ 表示在结构 i、$i0(i=1,\cdots,n)$ 自由度上施加方向相对大小为 $|(u_i-u_{i0})-(u_{i,\mathrm{pr}}-u_{i,\mathrm{pr0}})|$ 的荷载所产生的第 k 个单元的位移。

描述顶底和边墙相对位移的敏感度推导与上述过程相同，只是式中 u_i、u_{i0}、$u_{i,\mathrm{pr}}$ 和 $u_{i,\mathrm{pr0}}$ 所表示的意义不同。

5.4 以卸荷引起的总应变能为目标函数的最优支护

本节讨论以卸荷引起的总应变能为目标函数的最优支护，主要目的是验证本书方法的适用性。本节选取与文献中殷露中相同的工况，假设原岩和加固后岩石均为各向同性材料，加固后岩石的等效弹性模量与原岩的等效弹性模量之比为 5∶1，加固后岩石的泊松比为 0.3，原岩泊松比为 0.25。假设洞室埋藏很深，以至于忽略设计域内自重应力场所带来的差异。围岩为均质岩体，对洞室的最优加固方式仅取决于地应力。

对于平面问题，本节选用一种典型的地应力场：

$$\left.\begin{aligned}\sigma_x&=-k_0(1+r\cos2\alpha)\\\sigma_y&=-k_0(1-r\cos2\alpha)\\\sigma_{xy}&=-k_0r\sin2\alpha\end{aligned}\right\}\tag{5.15}$$

式中 σ_x——水平向地应力；

σ_y——垂直向地应力；

σ_{xy}——剪应力；

k_0——静水压力；

r——应力偏量与静水压力的比值；

α——地应力最大主应力方向与水平轴之间的夹角，当 $0°<\alpha<45°$ 且 $r>0$ 时，水平地应力大于垂直地应力，而 $r<0$ 时则结论相反。

本节计算 2 个 r 值，分别对应于静水压力状态（$r=0$）与一种较极端的地应力状态 $r=-0.35$。Hoek 和 Brown 通过实测发现水平地应力和垂直地应力的比值 σ_x/σ_y 一般在 0.48～5.56。对应于式（5.15）中 $\alpha=0°$ 的情况，取地应力 σ_x/σ_y 极端比值 0.48 时，近似的有，$r=-0.35$。考虑到对称性，本书讨论 3 种 α 角：$\alpha=0°$、$\alpha=22.5°$ 和 $\alpha=45°$。

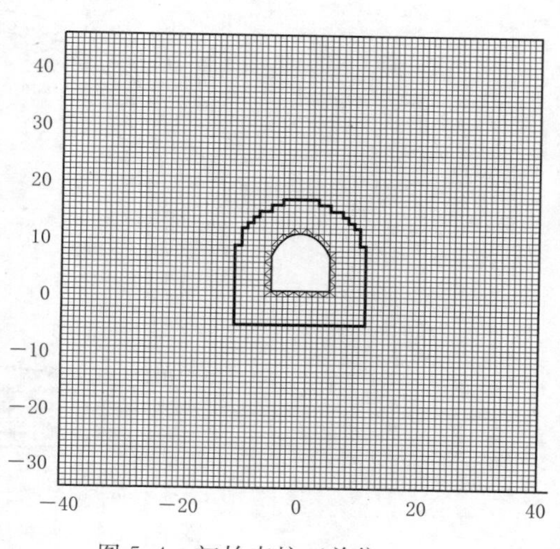

图 5.4　初始支护（单位：m）

荷载以等效卸荷的形式加载在洞室周边，地基周边法向约束。

全断面均匀加固是可用的经验设计之一，概化为如图 5.4 所示，作为本节优化迭代的初始状态，如非特殊说明，后面的章节中均以此作为优化迭代的起点。取加固区域的面积为设计域面积的 5%。

5.4.1　$r=0$ 时的情况

图 5.5 给出了在静水应力状态下围岩的最优支护形式。图 5.5(a)～图 5.5(c) 分别表示利用均匀化方法、双向渐进结构优化方法、双向固定网格渐进结构优化方法得到的最优解。从图中可以看出，3 种方法得到的解几乎完全一致，在静水压力条件下，加固材料均匀地分布在洞室周围，基于固定网格技术的解边界更加光滑。

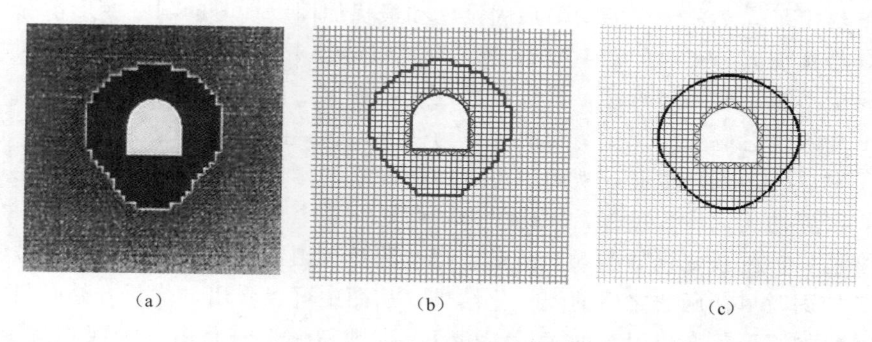

(a)　　(b)　　(c)

图 5.5　静水压力最优加固分布

(a) 均匀化方法；(b) 双向渐进优化方法；(c) 双向固定网格渐进结构优化方法

为与殷露中文献的结果进行对比，本书同样假定一种均匀加固工况，即将 5% 的加固面积均化到设计域内。例如，在本节加固后岩体弹性模量与原始岩体弹性模量分别为 5 和 1，则均匀加固后的岩体弹性模量为 5×5%+1×95%=1.2。图 5.6 给出了均匀加固和最优加固时的洞室变形情况，从图中可以看出，最优加固分布时的洞室变形比均匀加固设计时下降了 50%，洞周位移均匀地减小，说明了优化的效果。

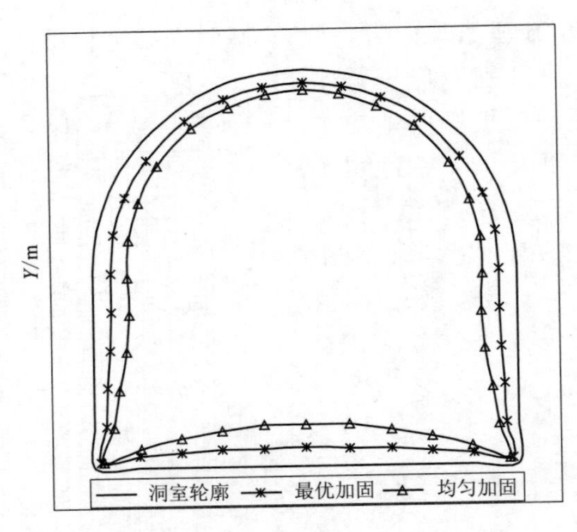

图 5.6　静水压力下优化前后洞室变形对比

（图中变形曲线是将计算值同比放大的示意图）

5.4.2　$r=-0.35$ 时的情况

图 5.7 所示分别为 $r=-0.35$，$\alpha=0°$，$\alpha=22.5°$和 $\alpha=45°$时，利用均匀化方法、双向渐进结构优化方法、双向固定网格渐进结构优化方法求解得到的最优加固。从图中可以看出，加固的形状大致为椭圆形，椭圆的主轴方向与地应力绝对值最大的主应力的方向一致，基于固定网格的最优加固形状更加光滑。3 种方法得到的加固形状一致，说明本书方法与均匀化方法在研究应变能敏感度为目标函数的最优加固时具有同样的优化效率。

图 5.8 给出了 5.7 节定义的均匀加固设计和最优加固设计时的洞室变形情况。从图中可以看出，最优加固分布时的洞室变形比均匀加固设计下降了 50%，由于地应力的不对称性，洞室变形也具有不对称性，最优加固之后，洞室变形的不对称性减弱。

图 5.9 为系统总应变能优化历程曲线，为便于比较，图中的几个例子采用了相同的初始比例因子和迭代步长。因此，从图中可以得出以下规律：最优加固形状与初始加固形状相差越大，需要的迭代步数越多，优化效果越明显，这个规律符合常识。

总应变能目标函数变化如图 5.9 所示，图中的目标函数是当前步的目标函数除以当前工况下均匀加固时目标函数之后的规一化结果，从图中可以看出，优化开始时目标函数下降，是由最优加固形状变化引起的，后一段目标函数缓慢上升是由支护面积减少引起的，这一规律与第 4 章中叠层复合材料壳结构孔形优化的规律是一致的。

以上研究表明，在简单的地应力条件下，本书方法的结果与均匀化方法相同，验证了本书方法的合理性，同时也体现了本书方法边界光滑的优势。

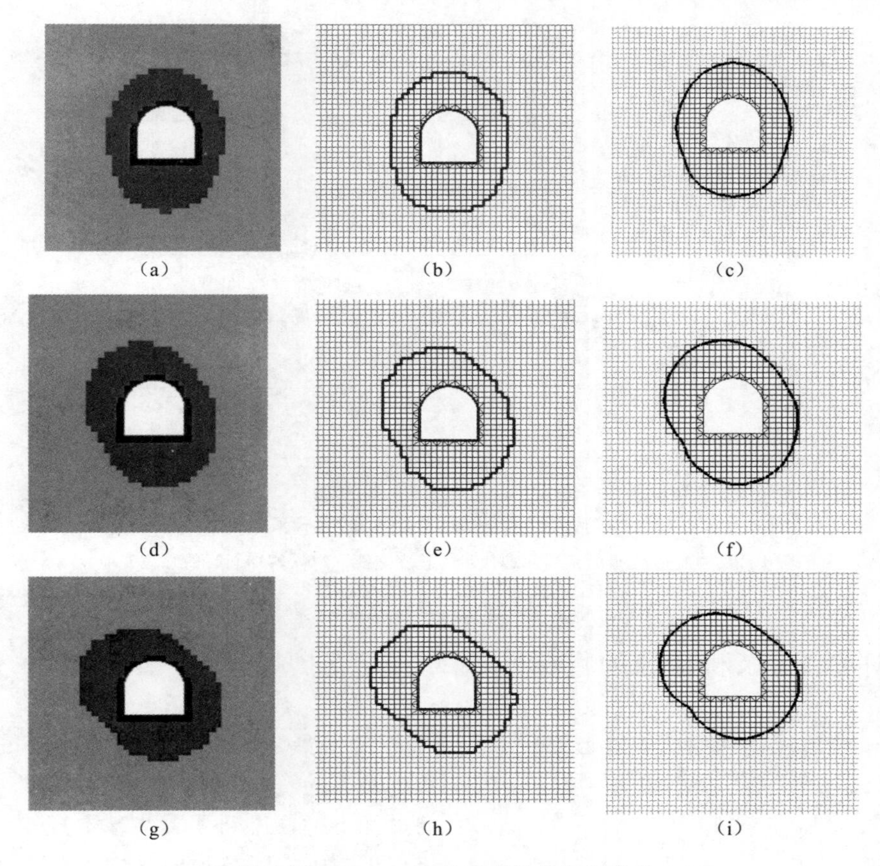

图 5.7　$r=-0.35$ 条件下最优加固分布

(a) 均匀化方法 ($\alpha=0°$)；(b) 双向渐进优化方法 ($\alpha=0°$)；(c) 双向固定网格渐进结构优化方法 ($\alpha=0°$)；(d) 均匀化方法 ($\alpha=22.5°$)；(e) 双向渐进优化方法 ($\alpha=22.5°$)；(f) 双向固定网格渐进结构优化方法 ($\alpha=22.5°$)；(g) 均匀化方法 ($\alpha=45°$)；(h) 双向渐进优化方法 ($\alpha=45°$)；(i) 双向网格渐进结构优化方法 ($\alpha=45°$)

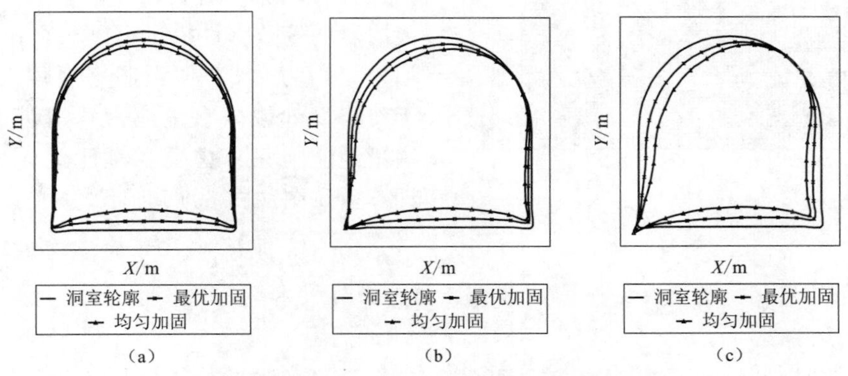

图 5.8　$r=-0.35$ 时最优加固分布时洞室变形

(a) $\alpha=0°$；(b) $\alpha=22.5°$；(c) $\alpha=45°$

(图中变形曲线是将计算值同比放大的示意图)

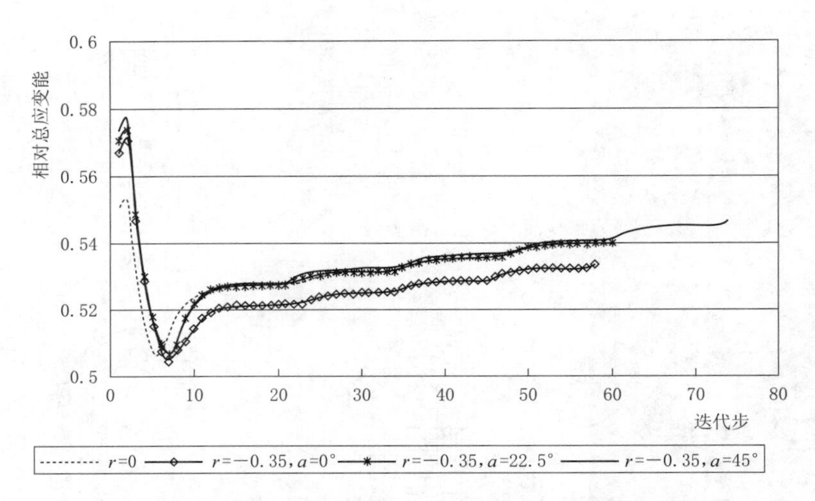

图 5.9　相对于均匀加固时的相对总应变能目标函数的优化历程图

（图中相对点应变能指的是当前迭代步的总应变能除以均匀加固时的总应变能）

5.5　以防治底鼓和帮鼓为目标函数的最优支护拓扑

底鼓、帮鼓是诸如煤矿、巷道等软岩洞室开挖的主要破坏形态之一，防治底鼓、帮鼓具有显著的意义。本节讨论防治底鼓、帮鼓的最优支护，得到了一些基本规律，同时也比较了本书方法与均匀化方法得到的结果的共同点和不同点。

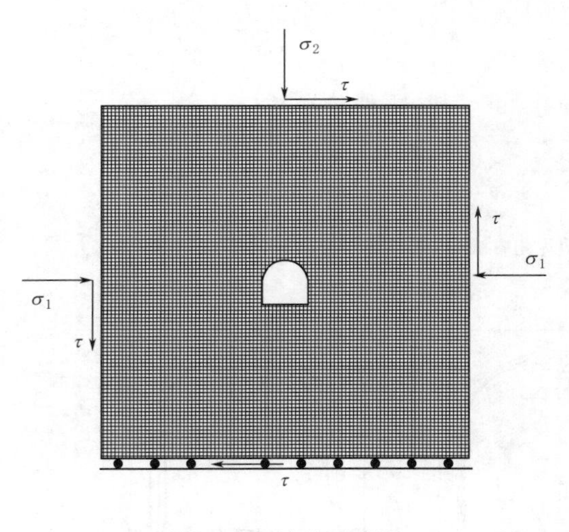

图 5.10　计算示意图

本节取与殷露中文献中相同的工况。洞室的几何形状取边长为 h 的正方形，但上部被半圆拱取代。假设原岩和加固岩石为各向同性材料，加固岩石的等效弹性模量 $E^{(\mathrm{rein})}$ 与原岩的等效弹性模量 $E^{(\mathrm{rock})}$ 之比为 10∶3，泊松比均为 0.3。假设洞室埋藏很深，以至于忽略设计域内自重应力场所带来的差异。这里地应力只考虑受二轴压地应力的情况。计算示意图如图 5.10 所示，$k=\sigma_1/\sigma_2$，$p=\sqrt{\sigma_1^2+\sigma_2^2}$ 切向力 $\tau=0$，底端考虑法向约束。本书所采用的目标函数及其敏感度如第 5.2 和 5.3 节所述。

5.5.1　防治底鼓

在均质各向同性地基中，当 $k<1.4$ 时，主要考虑底鼓。本书考虑以下 3 种地应力情况：$k=0.4$；$k=0.7$；$k=1.2$。如图 5.11(a) 为防治底鼓的经验支护拓扑，这里以这一经验支护作为初始支护，并把这一支护的效果与最优支护相比较。图 5.11(b) 为相应的

概化模型图，取加固区域的面积为设计域面积的 5%。

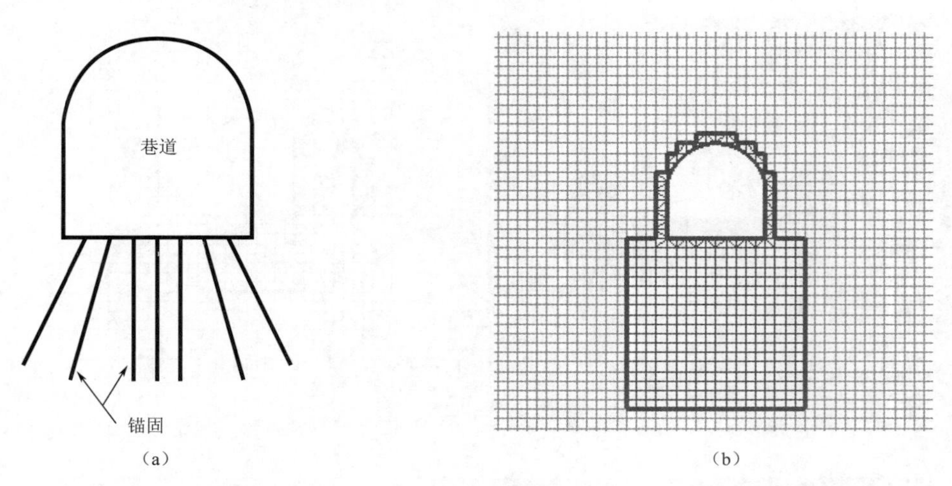

图 5.11　初始设计图

(a) 经验设计；(b) 概化模型图

图 5.12 给出了本书方法得到的防治底鼓的最优支护与殷露中文献中的结果比较。$k=0.4$时，防治底鼓的最优拓扑与经验设计相比主要强调是对帮、角的加固，这与侯朝炯的试验结果一致，也被诸多工程实例所证明。与均匀化方法的结果相比，本书的结果强调对底板的加固要优先于对远端底角处的加固。$k=0.7$ 时，防治底鼓的最优拓扑依然强调对底角处的加固，与 $k=0.4$ 时的区别在于底板加固为反拱形，底角两侧的加固往深处发展。$k=1.2$时的最优拓扑与前两种工况有较为明显的不同，主要表现在两点：①对于底板的加固更为重视，呈明显的反拱形；②底角处的加固往横向发展，这是为了抵抗横向地应力的结果，与均匀化方法的最优加固思想比较一致，这种加固方式主要防治挤压流动性底鼓。

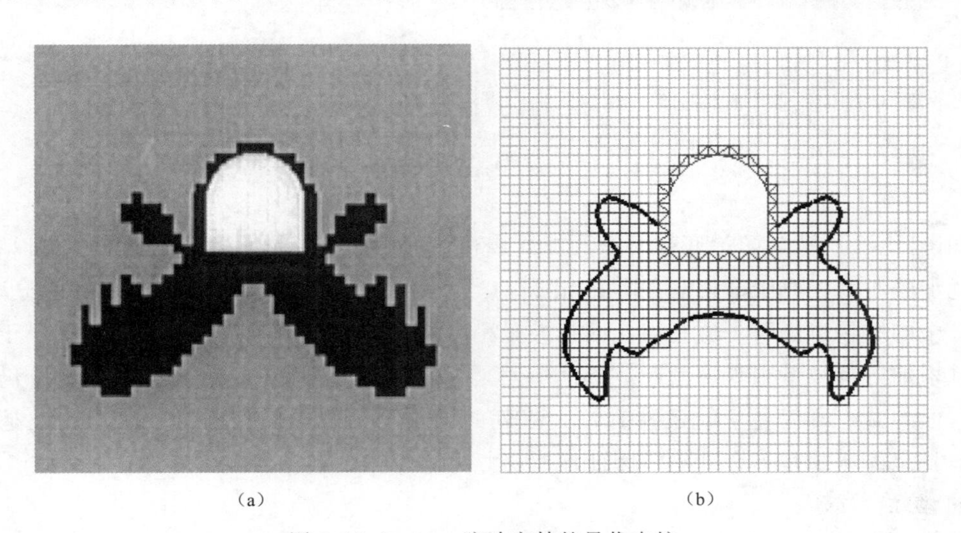

图 5.12（一）　防治底鼓的最优支护

(a) 均匀化方法（$k=0.4$）；(b) 本书方法（$k=0.4$）；(c) 均匀化方法（$k=0.7$）；(d) 本书方法（$k=0.7$）；(e) 均匀化方法（$k=1.2$）；(f) 本书方法（$k=1.2$）

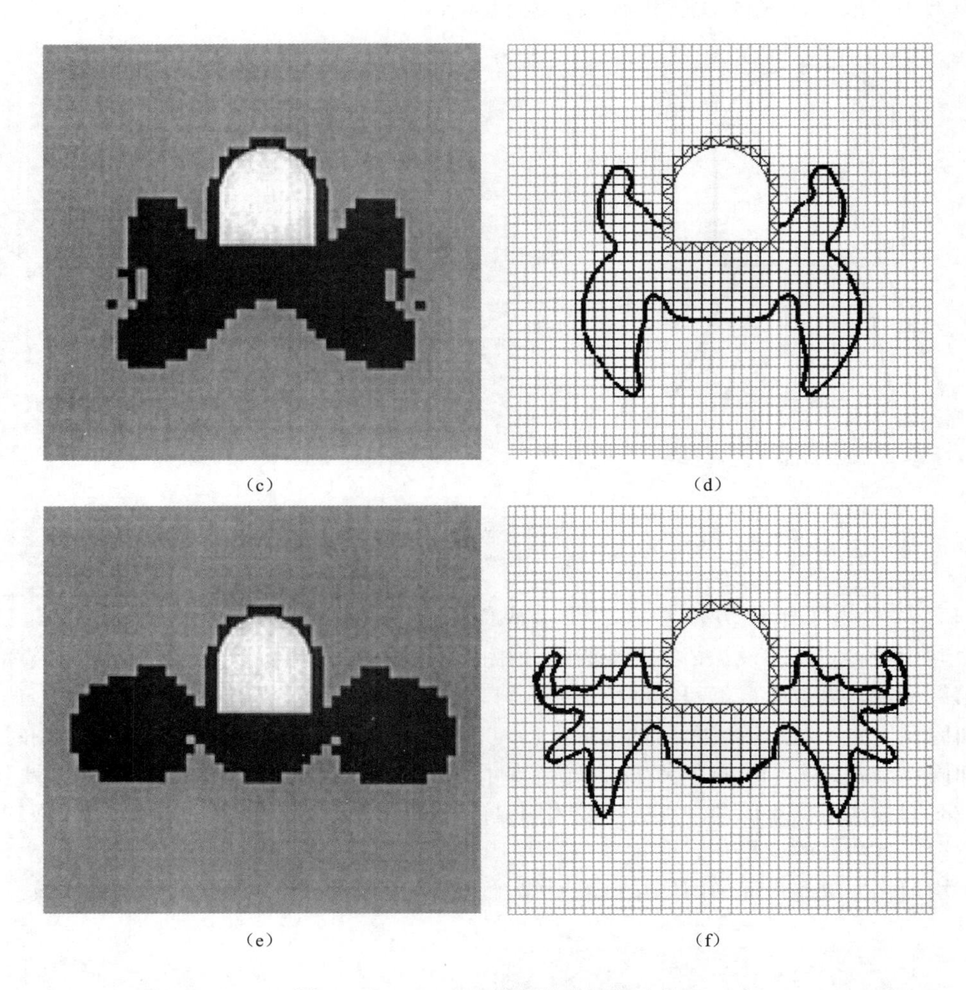

图 5.12（二） 防治底鼓的最优支护

(c) 均匀化方法 ($k=0.7$)；(d) 本书方法 ($k=0.7$)；

(e) 均匀化方法 ($k=1.2$)；(f) 本书方法 ($k=1.2$)

如图 5.13 所示为防治底鼓时最优加固和初始加固洞室变形示意图，从图中可以看出，在最优加固时，相对于最初支护时的情况，当 $k=0.4$、$k=0.7$ 时，底鼓量有明显减少，表 5.1 中的结果也证明了这一点，而帮鼓量稍有增加，但是由于总体上帮鼓量远小于底鼓量，且增加的帮鼓量很少，因此，最优加固是合理的；当 $k=1.2$ 时，虽然底鼓量仍然有一定程度的减少，但是帮鼓量却有较大程度的增加，尽管最优加固对于防治底鼓是合理的，但是总体上却是不合理的，因此此时必须考虑帮鼓的防治。

5.5.2 防治帮鼓

当 $k>1.4$ 时，主要考虑帮鼓。本书考虑 $k=2$、$k=3$ 两种地应力情况。防治帮鼓的初始支护如图 5.4 所示。

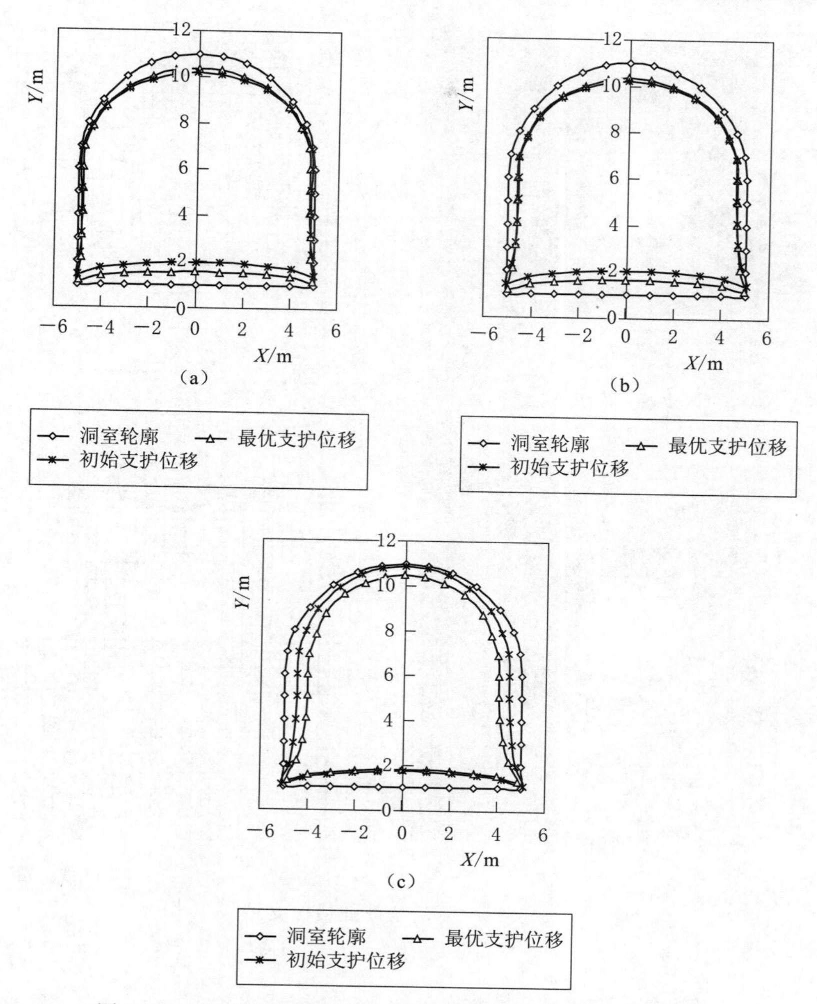

图5.13　防治底鼓时最优加固与初始加固洞室变形示意图
（图中变形曲线是将计算值同比放大的示意图）
(a) $k=0.4$；(b) $k=0.7$；(c) $k=1.2$

图5.14给出了本书方法得到的防治帮鼓的最优支护与殷露中文献中的结果比较。均匀化方法与本书方法得到的结果具有可比性，两者都强调对底角和顶角的加固，以防治边墙的鼓出；两者的区别在于本书结果对侧墙的加固也比较重视，而均匀化方法的结果则不然，本书支护加固得到的结果使得侧墙的位移变化更加均匀。

5.5.3　防治底鼓和帮鼓

当k与1.4相当时，帮鼓和底鼓必须同时考虑。本书考虑以下3种地应力情况：$k=1.2$；$k=1.4$；$k=2$。防治底鼓和帮鼓的初始支护如图5.4所示，并与最优拓扑相比较。

图5.15给出了本书方法得到的防治底鼓的最优支护与殷露中文献中的结果比较，两者具有可比性，从加固形状来看，本书的结果更强调在洞周的均匀加固。由于引入了控制开孔的功能，本书结果没有出现均匀化方法所得结果中的棋盘格式，这使得加固方案看起来更加完整。

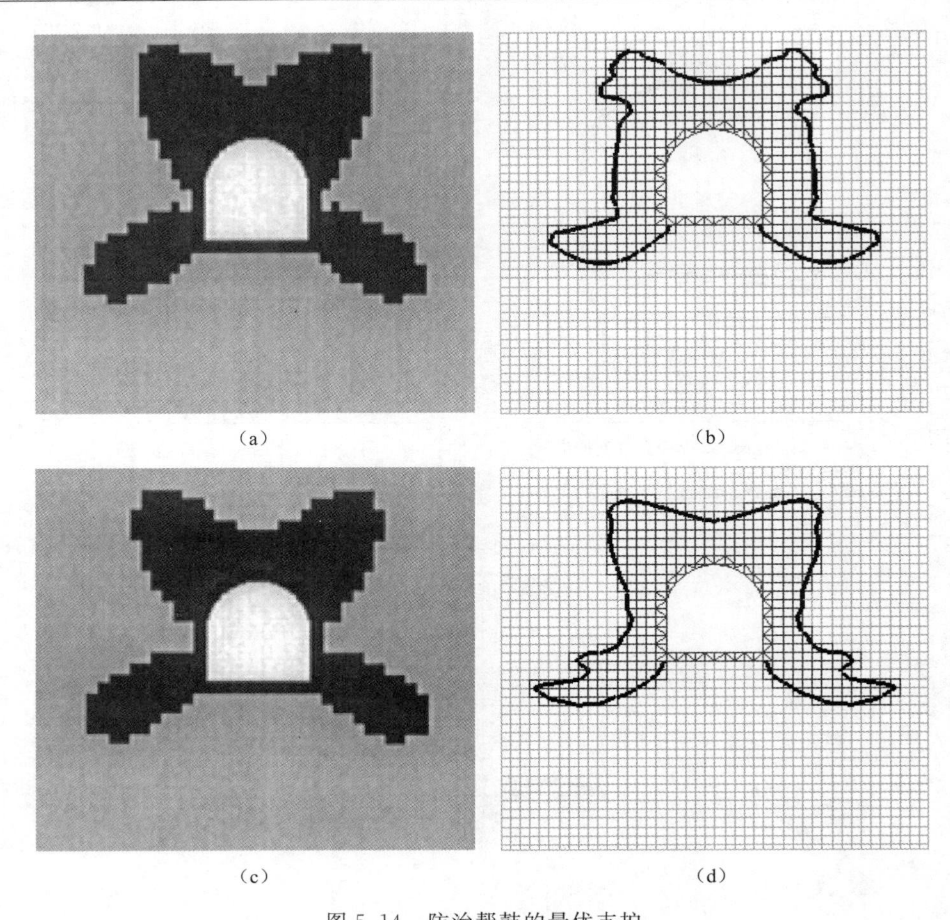

图 5.14 防治帮鼓的最优支护

(a) $k=2$ 时的均匀化方法；(b) $k=2$ 时的本书方法；(c) $k=3$ 时的均匀化方法；(d) $k=3$ 时的本书方法

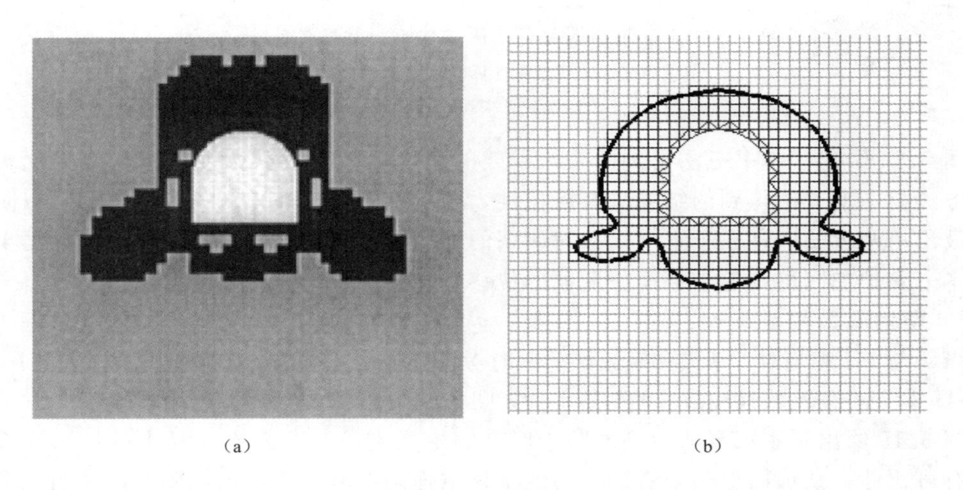

图 5.15（一） 综合考虑防治帮鼓、底鼓的最优支护

(a) $k=1.2$ 时的均匀化方法；(b) $k=1.2$ 时的本书方法

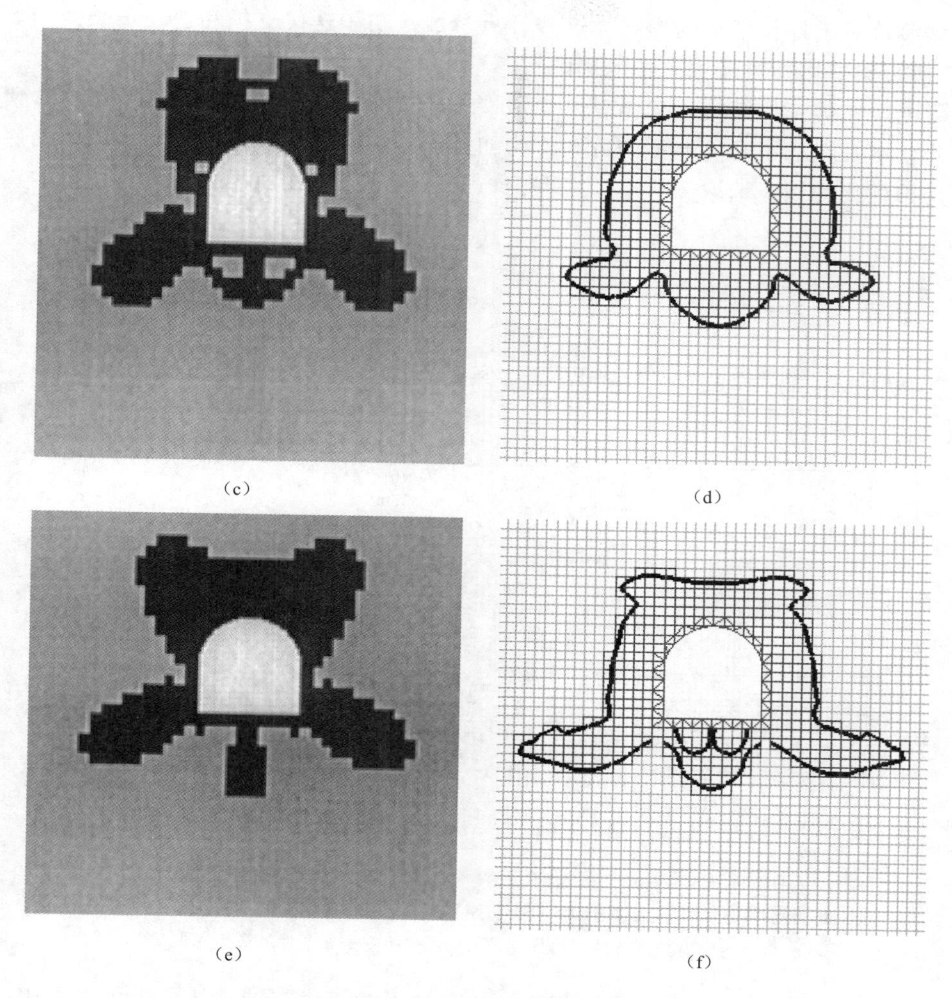

图 5.15（二）　综合考虑防治帮鼓、底鼓的最优支护

（c）$k=1.4$ 时的均匀化方法；（d）$k=1.4$ 时的本书方法；
（e）$k=2$ 时的均匀化方法；（f）$k=2$ 时的本书方法

5.4 节的研究结果表明，以卸荷引起的总应变能为目标的情况下，本书方法的结果与均匀化方法的结果完全一致。5.5 节的结果对比表明，本书方法所得的最优拓扑与均匀化方法的最优拓扑具有可比性，从优化指标来看，本书的优化解比均匀化方法的优化解效率更高。由于本书方法引入了固定网格，因此，解的边界更加光滑。综上所述，本书方法适合于洞室支护拓扑优化。

5.6　不同初始支护拓扑及迭代步长对最优支护的影响

对于几乎所有的优化方法，计算参数都或多或少影响着优化结果，有些因素的影响还是致命的，因此，有必要进行研究。本节研究了双向固定网格渐进结构优化方法中一些主要的计算参数对于计算结果的影响。这些计算参数是初始迭代支护和迭代步长。

5.6.1 初始支护拓扑对最优支护的影响

实际上，在传统的结构优化方法中，初始迭代点的选取常常影响着是否能得到最优解。因此，本书选取了几种典型的方案作为初始支护进行优化，以5.5.1中以防治底鼓为目标的支护优化为例，选取 $k=0.4$，图5.16(a)～图5.16(c) 是初始支护示意图。

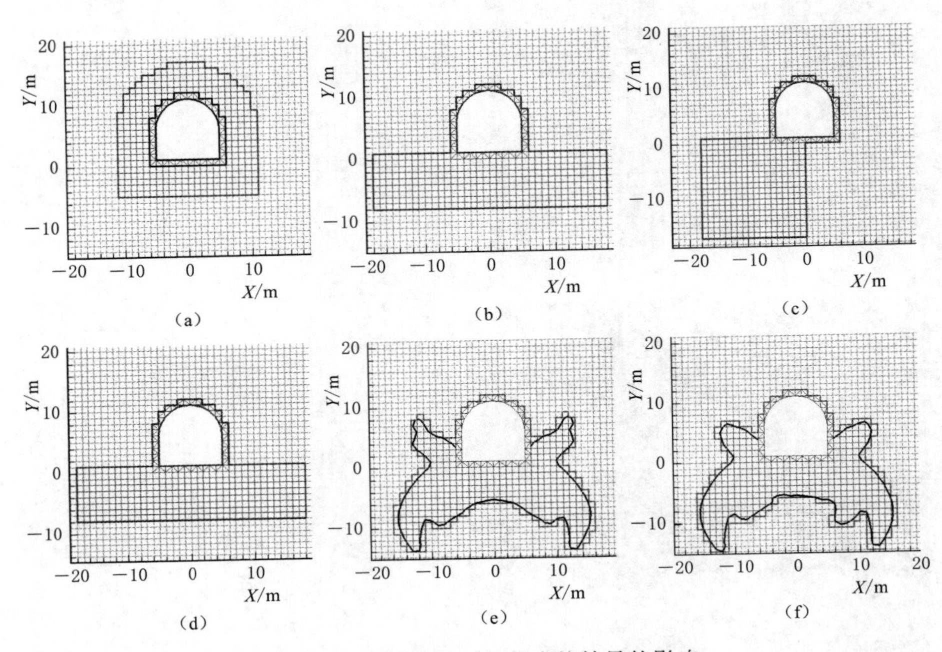

图 5.16 初始支护对最优支护结果的影响

(a) 初始支护 1；(b) 初始支护 2；(c) 初始支护 3；(d) 初始支护 1 条件下最优支护；(e) 初始支护 2 条件下最优支护；(f) 初始支护 3 条件下最优支护

图5.16(d)～图5.16(f) 为3种初始拓扑条件下的最优支护，从图中可以看出，初始支护拓扑对最后的优化结果几乎没有影响，3种情况的最优支护拓扑几乎完全一致。即便取如图5.16(c) 所示的非常不对称的初始支护作为迭代起点，最终的优化拓扑除了有些微的不对称，其主要特点与其他初始支护情况下的最优解一致。图5.17是在初始拓扑为

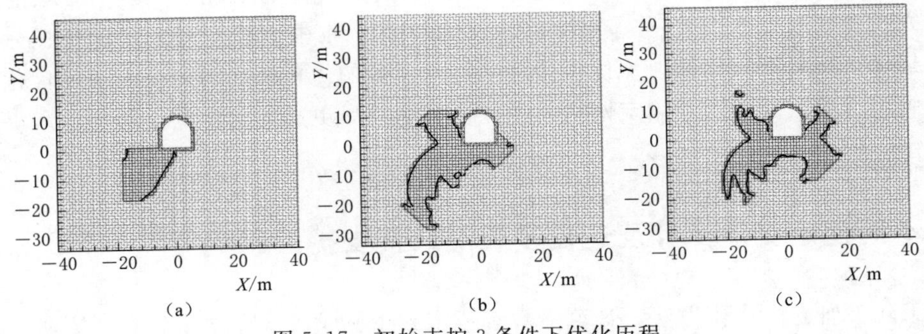

图 5.17 初始支护 3 条件下优化历程

(a) 20 迭代步结果；(b) 40 迭代步结果；(c) 60 迭代步结果

图5.16(c)的情况下的优化历程，它清楚地表明了本书方法减少锚固和增加锚固的双向优化功能，这一功能有力地保证了本书方法的可靠性。

5.6.2　迭代步长对最优支护的影响

这里考察迭代步长对最优支护的影响，研究了取 $ER=0.1$，$ER=0.2$，$ER=0.5$ 时的情况。以5.5.1中以防治底鼓为目标的支护优化为例，选取 $k=0.4$，图5.11(b)是初始支护示意图。结果表明，最优支护的基本规律和形状是一致的。

图5.18是锚固面积和底鼓量随迭代步的历程曲线。从图中可以看出，迭代步长取为0.1～0.5时，都能达到几乎相同的底鼓量目标函数，这说明在这一迭代步长范围内，优化效率是一样的；迭代步长的作用体现在对锚固面积的控制，如果取得过大，则很难得到需要的锚固面积，如果取得过小，则迭代太慢。因此，需要选择合适的迭代步长，本书选为0.1。

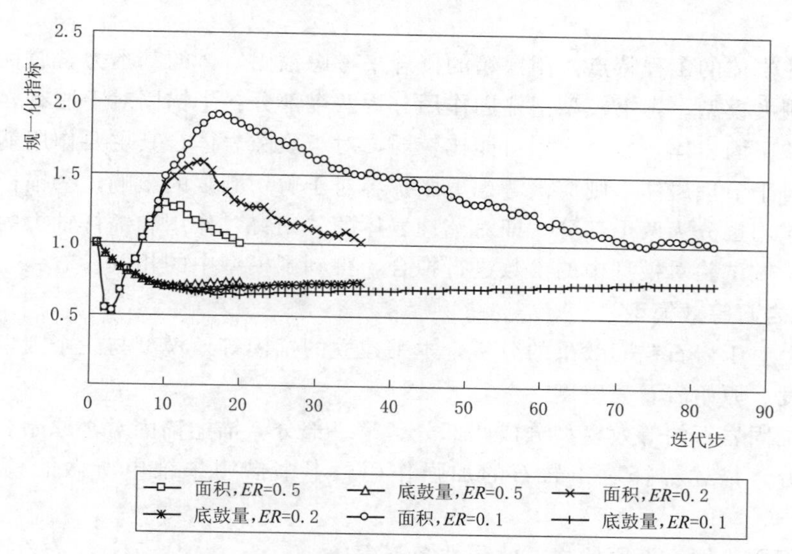

图5.18　不同迭代步长条件下锚固面积优化历程

（图中归一化指标是指当前迭代步的锚固面积或者底鼓量除以初始支护的锚固面积或者底鼓量）

5.7　锚固对岩石的影响模型

锚固是地下洞室工程中一种主要的支护手段。对锚固方案进行优化设计，首先应该研究锚固对于岩石的加固效果。现有的锚固模型大致分为3类：等效连续模型、离散模型和混合模型。对于为数不多的加强锚索，可以采用离散模型，单独设立单元，逐一分析。对于用于加固层理、节理发育地段和卸荷松动带而设置的系统锚杆，由于数量众多，在分析时，不可能用节理单元和锚杆单元逐一模拟，可以采用等效连续模型模拟。

5.7.1　锚固效应分析

锚固对于岩石的作用可以分成3个方面：①由于弱面减胀扩容，锚杆拉伸，对弱面施加法向应力，增加弱面的摩擦力；②锚杆与滑动方向成锐角时，锚杆轴力直接分解为部分抗滑力；③借助杆体本身的抗剪能力限制弱面的相对错动，即“销钉”作用。在此基础上，杨延毅建立了层状岩体锚固效果模型。这种模型的优点在于考虑了锚固对于节理的主要作用，缺点在于参数很难获取。徐恩虎等人运用复合材料细观力学，把锚杆和岩石都看成复合材料中的一层，得到了锚固岩体的等效模型，这种模型的优点是简单、方便，缺点是未考虑锚固对原岩本身的加强作用。朱浮声等人的锚固模型同样存在这个问题。朱维申等人用模型试验研究了岩石的锚固效应，建立了岩石锚固效应的拟合公式。但是朱维申的拟合公式没有考虑岩石本身性质的影响以及锚固效应的各向异性。

实际上，节理岩体的变形主要受节理变形的影响和控制，灌浆锚杆对节理岩体的锚固效应主要表现在对节理的加强效应上，而对完整岩石介质的加强效应是微弱的。工程经验也表明，锚固的主要作用在于保持和加强岩石的完整性，因此，在研究锚固效应时，要考虑原来岩石的完整度。而锚固的各向异性往往取决于锚杆方向与主要节理方向之间的角度。

本书抓住岩体的工程特点，用黑箱的概念来考虑锚固岩体的基本力学属性，建立了锚固岩体等效刚度模型。本书模型把锚固作用分为两个部分：①锚固对于原有岩体的加强作用，对于完整坚固岩体，这个作用可能比较弱，对于裂隙岩体，其主要作用就是使得岩体更加紧密，对于节理岩体，则应该考虑剪胀扩容对于剪切刚度的影响；②锚杆本身所起的作用，这一作用也分为两个部分，即对节理岩体的“销钉”作用和锚杆轴力的作用。本书利用朱维申所做试验对模型中的参数进行拟合，得到了模型中的相关参数。

5.7.2 锚固岩石等效模型

根据以上对于岩石锚固效果的分析，本书建立的锚固等效模型与三个因素有关：锚固率、锚固角度、原始岩石完整度。

本书把锚固岩石的等效模型分成两部分。第一部分，描述锚固对于原始岩石的加固作用；第二部分，描述锚杆对于岩石的加强作用。本书借用朱维申所做的模型试验进行研究。

以平面问题为例，设原始岩石的弹性矩阵为

$$D_{\text{rock}}=\begin{bmatrix} D_{11} & D_{12} & \\ D_{12} & D_{22} & \\ & & D_{33} \end{bmatrix} \tag{5.16}$$

则考虑锚固对于原始岩石的加固作用后，弹性矩阵为

$$D'_{\text{rock}}=\begin{bmatrix} r_{11}D_{11} & r_{12}D_{12} & \\ r_{12}D_{12} & r_{22}D_{22} & \\ & & r_{33}D_{33} \end{bmatrix} \tag{5.17}$$

其中

$$\left.\begin{aligned} r_{11}&=1+(\eta_1-1)(v_{\text{bar}}k_{11}+k_{12}\cos\alpha) \\ r_{12}&=1+(\eta_1-1)(v_{\text{bar}}k_{21}+k_{22}\sin\beta) \\ r_{22}&=1+(\eta_1-1)(v_{\text{bar}}k_{11}+k_{12}\sin\alpha) \\ r_{33}&=1+(\eta_2-1)(v_{\text{bar}}k_{31}+k_{32}\sin\beta) \end{aligned}\right\} \tag{5.18}$$

式中　η_1——体积弹性模量完整度的值，本书定义为相同材料完整岩体的体积弹性模量与实际岩体的体积弹性模量之间的比值，简称体变完整度；

η_2——剪切弹性模量完整度的值，即相同材料完整岩体的剪切弹性模量与实际岩体的剪切弹性模量之间的比值，简称为剪切完整度；

v_{bar}——锚固量，即单位体积内的锚杆钢筋量；

α——锚杆方向与系统整体坐标系 x 轴之间的夹角；

β——锚杆方向与岩体内主要节理之间的夹角；

k_{11}、k_{12}、k_{21}、k_{22}、k_{31}、k_{32}——需要根据试验资料进行拟合的参数。

以上参数除了角度外都是无量纲值。

选取以上参数的理由是：

(1) 锚固对于岩体的加强作用与锚固量和锚固方向是相关的，为简便起见，锚固量取为线性相关，而锚固角的加强作用分为两方面：①正应变所对应的刚度，它主要取决于所关注的坐标方向与锚杆之间的角度，角度越大，刚度变化越小，取为余弦关系；②剪应变对应的刚度，它取决于锚杆对主要层间节理的闭合作用，锚杆与主要层间节理方向的角度越大，刚度变化越大，取为正弦关系。

(2) 锚固对于原岩的加强作用与原岩的不完整度成正比，不完整度越高，加强作用越大，反之越小，为简单起见，取为线性相关关系。本书用不含节理的完整岩块弹性模量与包含复杂节理面的实际岩体的等效弹性模量的比值作为不完整度的值。

考虑沿着锚杆方向的锚杆弹性矩阵为

$$D_{\text{bolt},b}=\begin{bmatrix}E_b & 0 & 0\\ 0 & 0 & 0\\ 0 & 0 & G_b\end{bmatrix} \tag{5.19}$$

将上述弹性矩阵由锚杆局部坐标系转化为整体坐标系为

$$D_{\text{bolt},x}=\begin{bmatrix}c^4E_b+4c^2s^2G_b & c^2s^2E_b-4c^2s^2G_b & c^3sE_b-2cs(c^2-s^2)G_b\\ c^2s^2E_b-4c^2s^2G_b & s^4E_b+4c^2s^2G_b & cs^3E_b+2cs(c^2-s^2)G_b\\ c^3sE_b-2cs(c^2-s^2)G_b & cs^3E_b+2cs(c^2-s^2)G_b & c^2s^2E_b+(c^2-s^2)G_b\end{bmatrix} \tag{5.20}$$

式中 $c=\cos\alpha$，$s=\sin\alpha$。将两部分的作用进行简单叠加得

$$D_{\text{rein}}=v_{\text{bar}}D_{\text{bolt},x}+(1-v_{\text{bar}})D'_{\text{rock}} \tag{5.21}$$

模型建立之后需要对模型的参数进行率定，本书选用朱维申等人所做的实验资料。为去掉锚杆本身的加强作用之后式（5.17）、式（5.18）所列参数的数值见表 5.1。

表 5.1　锚固对原始岩石的加强作用实验资料的整理结果

β/(°)	α/(°)	v_{bar}/(×10⁻⁴)	η_1 (η_2)	r_{11}	r_{12}	r_{33}
70	83.0	0.00	1.89	1.00	1.00	1.00
70	83.0	1.44	1.89	1.13	1.03	1.17

续表

$\beta/(^\circ)$	$\alpha/(^\circ)$	$v_{bar}/(\times10^{-4})$	η_1 (η_2)	r_{11}	r_{12}	r_{33}
70	83.0	2.89	1.89	1.27	1.07	1.34
70	83.0	5.77	1.89	1.37	0.96	1.54
70	83.0	8.66	1.89	1.34	1.02	1.47
70	83.0	11.50	1.89	1.63	1.07	1.84
84	83.0	0.00	1.69	1.00	1.00	1.00
84	83.0	1.44	1.69	1.03	0.92	1.09
84	83.0	2.89	1.69	1.16	0.85	1.30
84	83.0	5.77	1.69	1.16	0.83	1.32
84	83.0	8.66	1.69	1.20	0.77	1.39
84	83.0	11.50	1.69	1.37	0.83	1.61
0	90.0	0.00	2.09	1.00	1.00	1.00
0	90.0	5.45	2.09	1.05	1.05	1.05
0	90.0	8.73	2.09	1.19	1.19	1.19
0	90.0	13.09	2.09	1.28	1.28	1.28
0	0.0	0.00	2.09	1.00	1.00	1.00
0	0.0	4.36	2.09	1.25	1.25	1.25
0	0.0	8.73	2.09	1.43	1.43	1.43
0	0.0	13.09	2.09	1.53	1.53	1.53

按照式（5.18）进行最小二乘拟合，求得 $k_{11}=345.4801987$，$k_{12}=0.07240105532$，$k_{21}=115.551516$，$k_{22}=-0.1847276821$，$k_{31}=237.9038517$，$k_{32}=0.2589270352$。

当锚固量为 0.0028 时，式（5.18）中的 $v_{bar}k_{11}$ 等于 1，相当于实际的岩石被加固为没有缺陷的相同材料岩石，岩石本身的性能不能再增加，因此，本书拟合公式的适用范围是 $v_{bar}<0.0028$。

5.8 不同目标函数的最优锚固支护拓扑研究

本节研究了某种典型地应力条件下不同目标函数的最优锚固支护拓扑，讨论了它们之间的异同。图 5.10 所示为本节的计算模型。选取一种典型的双轴地应力场，取 $k=\sigma_1/\sigma_2=0.3546$，$\tau=0$，相当于泊松比取 0.3 的地基岩体条件下在只有重力荷载作用下产生的地应力场。

按照锚固前后的材料特性把地基分为 21 个区域，洞室侧面 1 个区域，底部 1 个区域，两底角 1 个区域，圆弧顶部每 10° 1 个区，材料分区如图 5.19 所示，图中数字为分区号。底角区域的锚固角度为 45°，其余区域锚杆方向垂直于开挖表面。取岩石水平弹性模量为 17GPa，垂直弹性模量为 12GPa，泊松比为 0.2，剪切模量为 5GPa，层状岩体，分层面为水平面。锚杆为直径 28mm 的 16Mn 螺纹钢。弹性模量取 210GPa，泊松比为0.25。取锚固间距0.5m×0.5m。锚固率取为0.002463。岩石体变和剪切完整度均取为2。

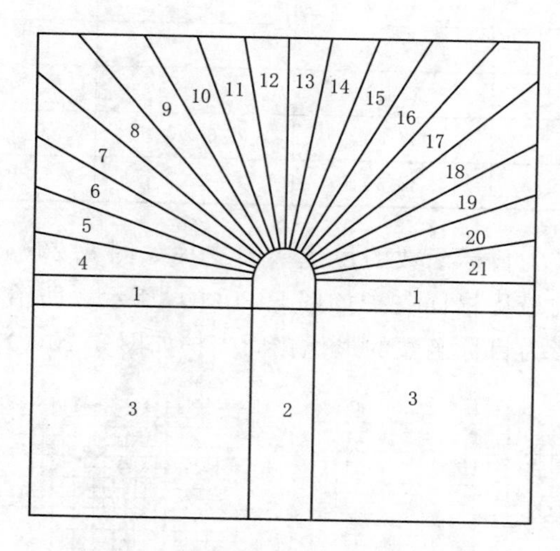

图5.19 锚固加固材料分区图

根据5.7节建立的锚固模型可以求得每个材料分区人工支护材料的弹性矩阵。表5.2为21个材料分区锚固前后的弹性矩阵。

表5.2 **21个材料分区弹性矩阵**

锚固状态	分区号	D_{11}/GPa	D_{12}/GPa	D_{22}/GPa	D_{33}/GPa
未锚固	1~21	19.50	4.95	14.00	5.00
已锚固	1	37.60	6.35	25.90	7.92
已锚固	2	36.00	6.35	27.00	7.92
已锚固	3	37.00	6.39	26.60	7.96
已锚固	4	37.60	6.36	25.90	7.93
已锚固	5	37.50	6.36	26.10	7.93
已锚固	6	37.40	6.38	26.30	7.95
已锚固	7	37.20	6.39	26.50	7.96
已锚固	8	37.00	6.39	26.60	7.96
已锚固	9	36.80	6.39	26.80	7.96
已锚固	10	36.60	6.38	26.90	7.95
已锚固	11	36.40	6.36	27.00	7.93
已锚固	12	36.10	6.36	27.00	7.93
已锚固	13	36.10	6.36	27.00	7.93
已锚固	14	36.40	6.36	27.00	7.93
已锚固	15	36.60	6.38	26.90	7.95
已锚固	16	36.80	6.39	26.80	7.96

续表

锚固状态	分　区　号	D_{11}/GPa	D_{12}/GPa	D_{22}/GPa	D_{33}/GPa
已锚固	17	37.00	6.39	26.60	7.96
已锚固	18	37.20	6.39	26.50	7.96
已锚固	19	37.40	6.38	26.30	7.95
已锚固	20	37.50	6.36	26.10	7.93
已锚固	21	37.60	6.36	25.90	7.93

综合防治底鼓、帮鼓为目标函数的最优锚固支护如图 5.20(a) 所示。防治顶底与边墙相对变形为目标函数的最优锚固支护如图 5.20(b) 所示。防治底部中点和顶部中点为监测基准点的洞室总变形为目标函数的最优锚固支护如图 5.20(c)、图 5.20(d) 所示。

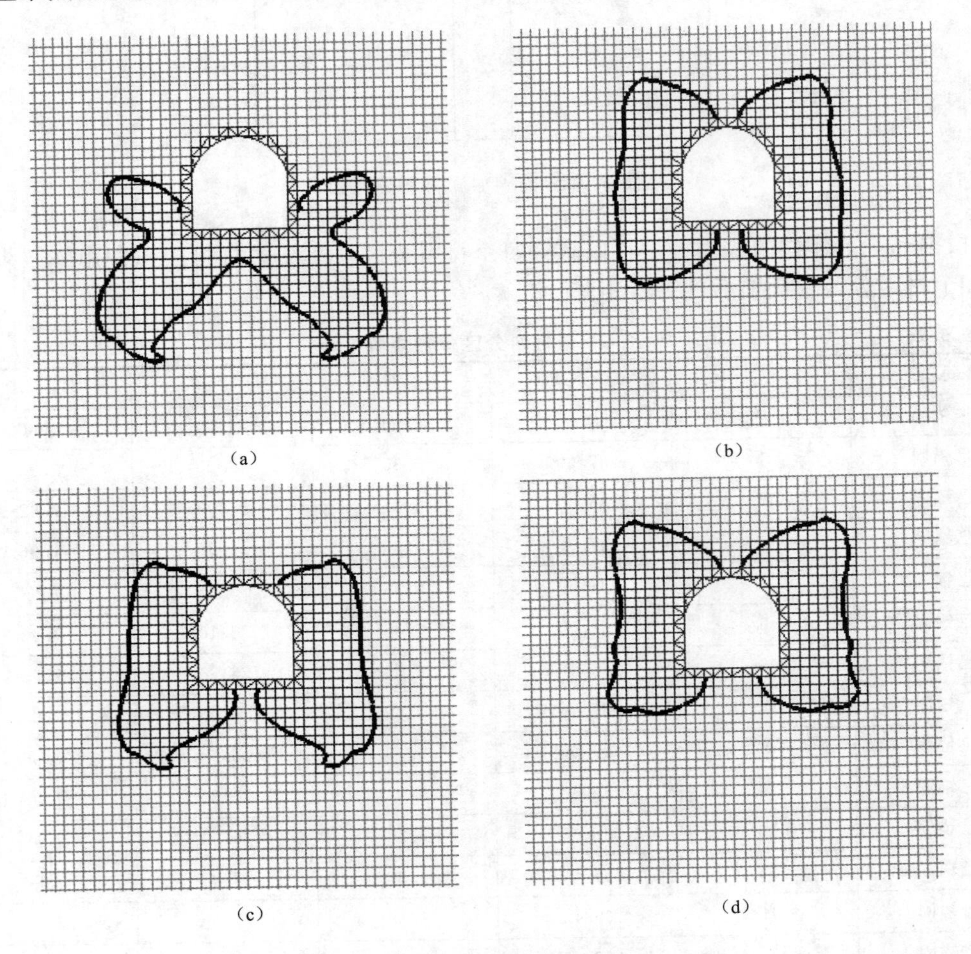

图 5.20　不同目标函数的最优支护对比

(a) 防治底鼓、帮鼓为目标函数；(b) 防治顶底与边墙相对变形为目标函数；

(c) 防治底部中点为监测基准点的洞室总变形为目标函数；

(d) 防治顶部中点为监测基准点的洞室总变形为目标函数

以上几种不同目标函数条件下的最优锚固支护的基本规律有相似性，共同点在于对底角和边墙的重视，不同点在于防治底鼓、帮鼓的最优支护不太关心顶拱处的变形，这是由其目标函数决定的；而以洞室总变形为目标函数的最优支护呈蝴蝶状，底角和顶拱呈45°伸向远端。其中，以底部中点为基准点的最优支护强调底角的支护，而以顶部中点为基准点的最优支护更强调顶部角点支护。

图5.21为图5.20所对应的最优支护的洞室位移场减去地基沉降位移后的洞室变形与

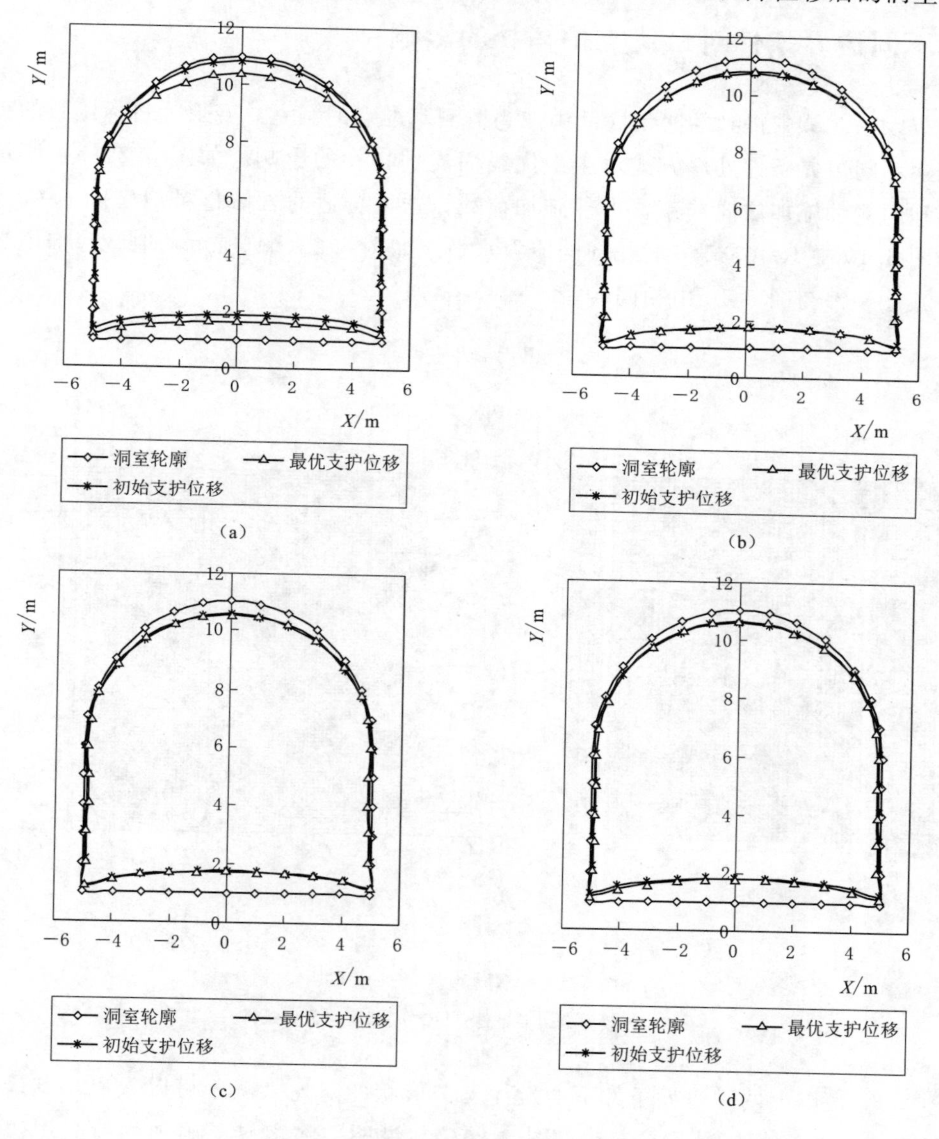

图5.21　不同目标函数时的洞室变形

(a) 防治底鼓、帮鼓为目标函数；(b) 防治顶底与边墙相对变形为目标函数；
(c) 防治底部中点为监测基准点的洞室总变形为目标函数；
(d) 防治顶部中点为监测基准点的洞室总变形为目标函数

初始支护时的洞室变形的对比。图（a）为防治底鼓、帮鼓的最优支护与初始支护时的洞周变形，从图中可以看出，底鼓、帮鼓量的减少是以顶拱位移增大为代价的；而其他3种目标函数下，最优支护与初始支护时的洞周位移差别较小，只是最优支护时顶部和底部的位移稍小一些，这一现象说明在当前工况下，初始的洞周全断面均匀锚固能有效防治洞室的系统变形。

5.9 不同边界条件对最优支护拓扑的影响

本节以5.8节中提到的防治底部中点为监测基准点的洞室总变形为目标函数的工况为例，考察不同边界条件处理方式对于最优锚固支护拓扑的影响。如图5.22(a)所示，地基底部和两侧都施加法向约束，上部施加荷载，选取合适的岩体材料泊松比 $v=0.3$，以保持与图5.10中 $k=0.3546$ 时相同的应力水平。如图5.22(b)所示，地基底部施加固定约束，其他条件与图5.10中相同。

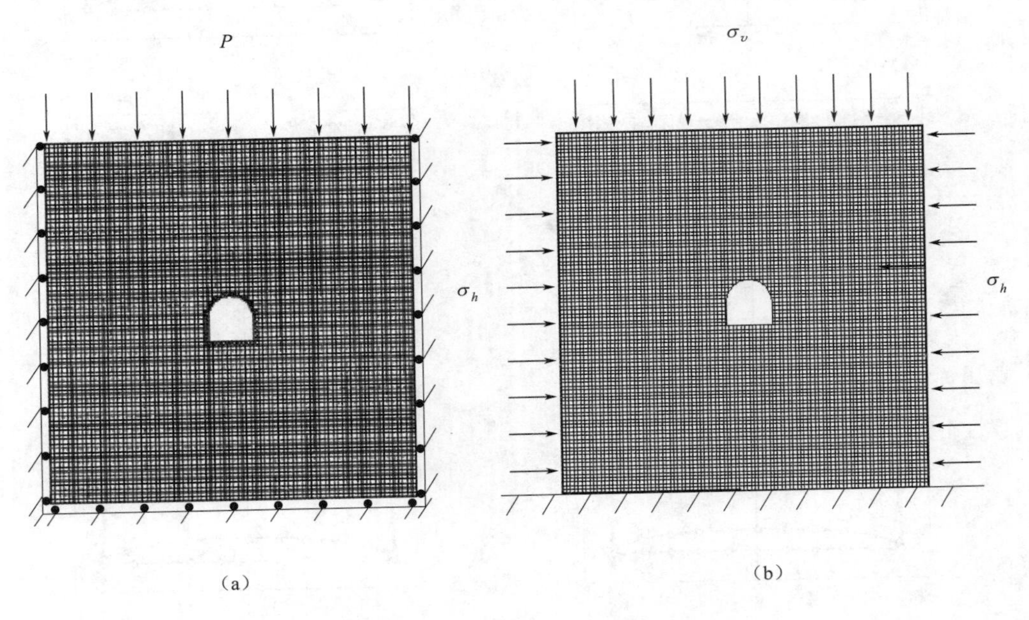

图5.22　不同边界条件示意图

(a) 等效固定边界条件；(b) 底部固定边界条件

图5.23是以上两种边界条件下的最优支护形状的对比。从中可以看出，其最优支护形状与图5.20(c)的情况几乎一致。图5.23(a)说明，将边界上施加的荷载用边界约束来代替对最优支护的结果没有影响。而图5.23(b)说明，与把地基底部法向约束相比，将地基底部固定会产生不一样的应力场，但是，这种远端的约束条件的改变不足以对最优支护的结果产生影响，这也符合圣维南原理。

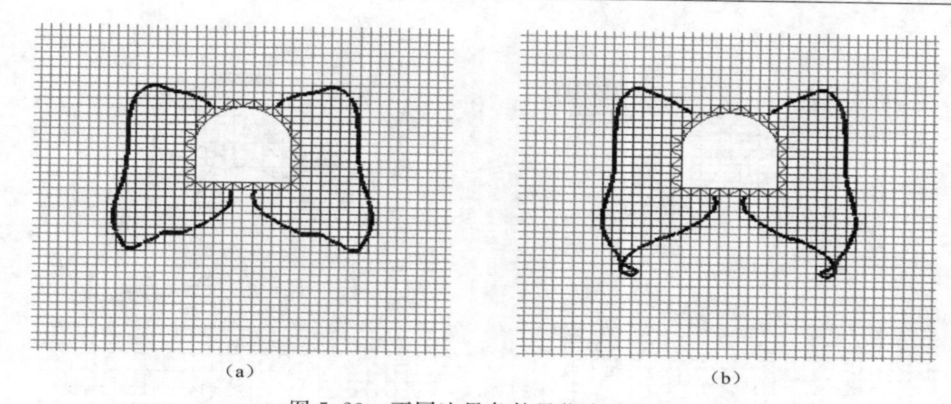

图 5.23　不同边界条件最优支护拓扑
(a) 等效固定边界条件；(b) 底部固定边界条件

5.10　不同地应力场对最优支护拓扑的影响

本书考察几种地应力条件下的最优锚固支护拓扑。如图 5.10 所示为计算示意图，在地基边界施加正应力与剪应力。以防治底部中点为监测基准点的洞室总变形为目标函数，其他条件与 5.8 节相同。

本书研究了以下几种工况：①$\sigma_1:\sigma_2:\tau=0.34:1:0$；②$\sigma_1:\sigma_2:\tau=1:1:0$；③$\sigma_1:\sigma_2:\tau=2:1:0$；④$\sigma_1:\sigma_2:\tau=0.34:1:0.17$；⑤$\sigma_1:\sigma_2:\tau=1:1:-0.17$；⑥$\sigma_1:\sigma_2:\tau=2:1:-0.17$。

从图 5.24 中可以看出，不同地应力场对于最优支护的影响是显著的。由图 5.24(a)～图 5.24(c) 可以看出，随着水平应力越来越大，对于底板的锚固越来越被重视，当水平应力超过垂直地应力时，在底板处的最优锚固呈明显的反拱形，这一规律与防治底鼓的规律是一致的。由图 5.24(d)～图 5.24(f) 与图 5.24(a)～图 5.24(c) 的比较可以看出，剪应力对最优支护的影响是显著的，由于剪应力的存在使得主应力方向发生变化，主要加固方向随之发生偏转。

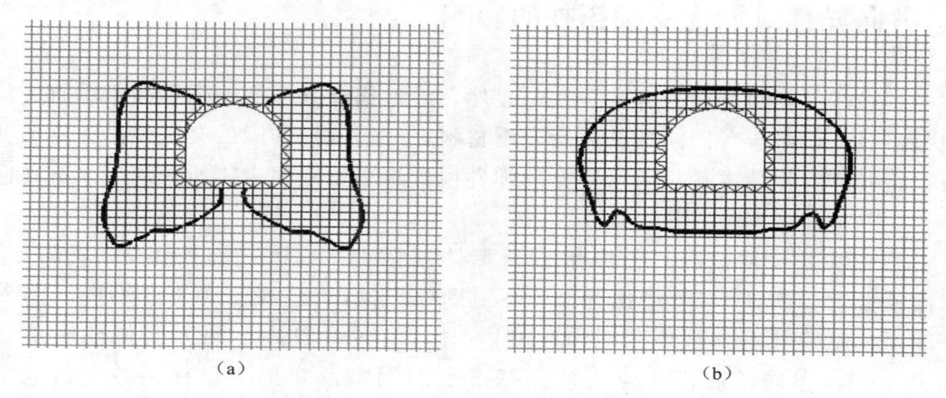

图 5.24 (一)　不同地应力条件下的最优支护对比
(a) $\sigma_1:\sigma_2:\tau=0.34:1:0$；(b) $\sigma_1:\sigma_2:\tau=1:1:0$；(c) $\sigma_1:\sigma_2:\tau=2:1:0$

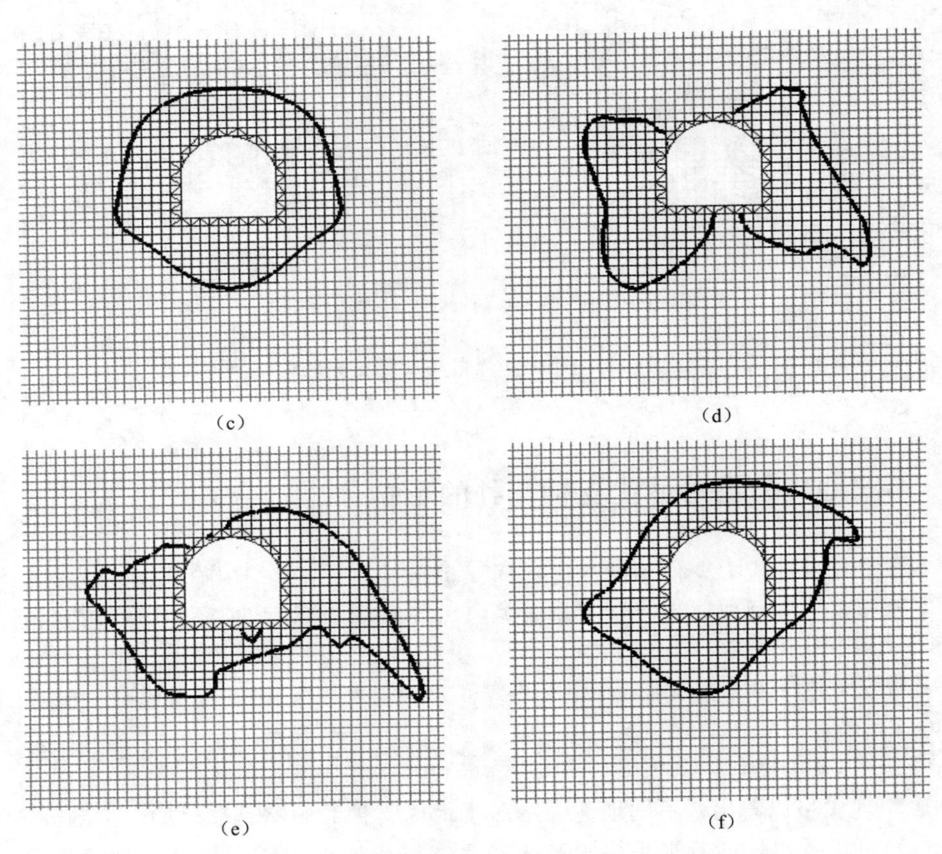

图 5.24（二） 不同地应力条件下的最优支护对比

(c) $\sigma_1:\sigma_2:\tau=2:1:0$；(d) $\sigma_1:\sigma_2:\tau=0.34:1:-0.17$；

(e) $\sigma_1:\sigma_2:\tau=1:1:-0.17$；(f) $\sigma_1:\sigma_2:\tau=2:1:-0.17$

5.11 各向异性对最优支护拓扑的影响

锚杆对岩体的作用存在着各向异性，显然，沿着锚杆方向的加强要高于垂直于锚杆方向的加强，因此，对于各向同性的原始岩石材料，经过锚杆加固后会呈现出一定的各向异性。而原始岩体的弹性模量相对于锚杆的弹性模量越小，锚固岩体所表现出来的各向异性越强。

本书研究以下 3 种情况：①原始岩石弹性模量为 15GPa，泊松比为 0.25；②原始岩石弹性模量为 1.5GPa，泊松比为 0.25；③原始岩石弹性模量为 0.15GPa，泊松比为 0.25。其中，原始岩石弹性模量为 0.15GPa 时，锚固后岩体不同方向弹性模量之比已经达到了 2∶1。以防治底部中点为监测基准点的洞室总变形为目标函数，其他条件与 5.8 节相同。

图 5.25 是以上 3 种工况下的最优支护对比图。从图中可以看出，3 种岩石条件下的

最优锚固支护拓扑几乎没有区别，说明本书3种岩石条件下由于锚固加固带来的各向异性不足以对最优支护产生影响。

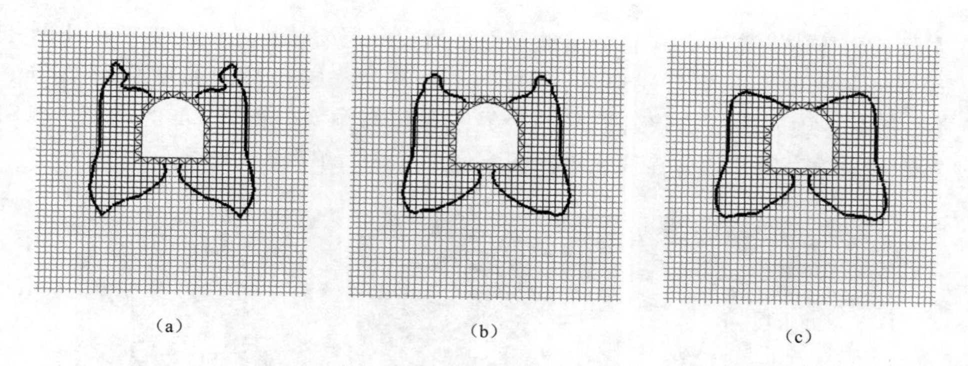

图5.25　不同原始岩石弹性模量的最优支护对比

(a) 弹性模量为15GPa；(b) 弹性模量为1.5GPa；(c) 弹性模量为0.15GPa

为了进一步考察各向异性对最优支护的影响，本书研究了两种极端的各向异性材料最优锚固的情况，分别是：①水平强各向异性，取水平弹性模量15GPa，垂直弹性模量1.5GPa，泊松比0.02与0.2，剪切模量0.5GPa；②垂直强各向异性，取垂直弹性模量15GPa，水平弹性模量1.5GPa，泊松比0.02与0.2，剪切模量0.5GPa。

图5.26是这两种情况下的最优锚固拓扑，从图中可以看出，这种极端的强各向异性对于最优锚固支护拓扑有较大的影响。对于水平强各向异性材料，垂直方向弹性模量远小于水平弹性模量，需要加强侧墙以防治侧墙由于压缩而挤入的岩体；而对于垂直强各向异性材料，水平弹性模量远小于垂直弹性模量，因此，在底角和顶部角点需要通过锚固插入一个锲子以阻止岩体通过洞室底部和顶部流动进入洞室。

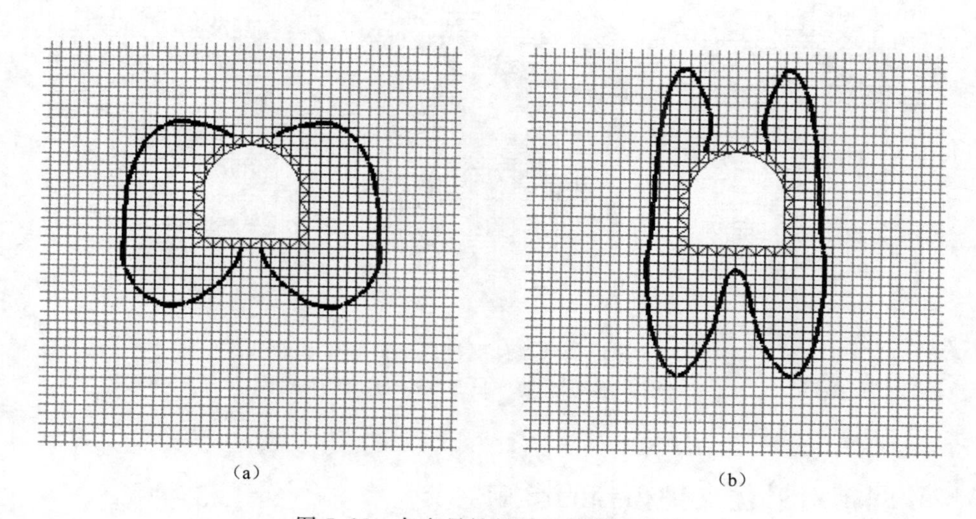

图5.26　各向异性材料最优锚固支护

(a) 水平强各向异性；(b) 垂直强各向异性

5.12 分层岩体对最优支护拓扑的影响

在实际的岩体中，常常存在着分层的特性。研究分层岩体中的最优支护拓扑更有实际意义。本节研究三种不同的分层地基：①HSH 地基，分层材料的厚度分别是 $3h$、$2h$、$3h$；②HS 地基，硬岩地基与软岩地基的分界线在距离洞室底部 $0.3h$ 的平面；③SH 地基，硬岩地基与软岩地基的分界线在距离洞室底部 $0.3h$ 的平面。如图 5.27 所示。

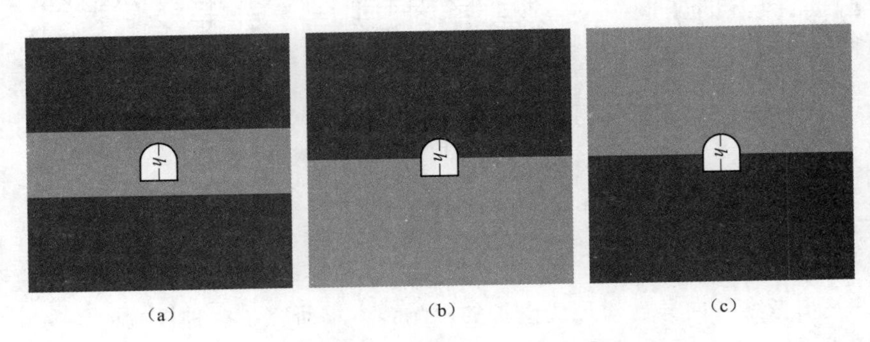

图 5.27 分层地基示意图
(a) HSH 地基；(b) HS 地基；(c) SH 地基

本节的荷载和约束如图 5.22(a) 所示。软弱原始岩石，硬原岩与加固材料弹性模量比为 3：7：10，泊松比均取为 0.3。以防治底部中点为监测基准点的洞室总变形为目标函数，其他条件与 5.8 节相同。

图 5.28 为 3 种分层地基条件下最优支护拓扑示意图。从图中可以看出，相对于均质地基而言，在分层地基中对软岩的加固要优先于对硬岩的加固，这也是符合常理的。

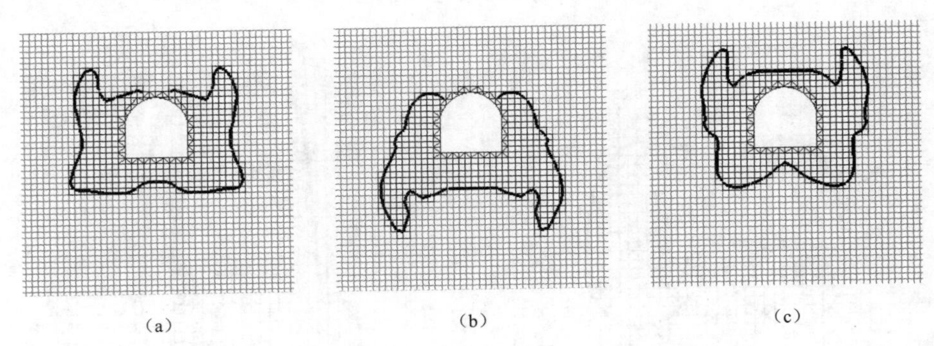

图 5.28 分层地基条件下最优支护拓扑示意图
(a) HSH 地基；(b) HS 地基；(c) SH 地基

5.13 软弱带对最优支护拓扑的影响

在实际的地下洞室工程中，岩石并不一定是均质各向同性的，软弱带和断层是我们经常遇到的一种地质构造，因此，本节研究了不同部位软弱带和断层对于最优支护的影响。

5.13.1　不同部位未贯通的软弱区域对最优支护的影响

软弱带相对于洞室的部位不同，对最优支护结果的影响也不一样。本节考察了当软弱带位于洞室左下角、左侧、左上角、上方、下方时最优支护的变化情况。这里选取 5.8 节所述的计算模型，以防止底部中点为监测基准点的洞室总变形为目标函数。软弱带的形状是相同的，都是 4×15 个单元的软弱带，软弱带的弹性模量是正常岩体的 1/10，软弱带的位置如图 5.29 所示，用阴影单元表示。

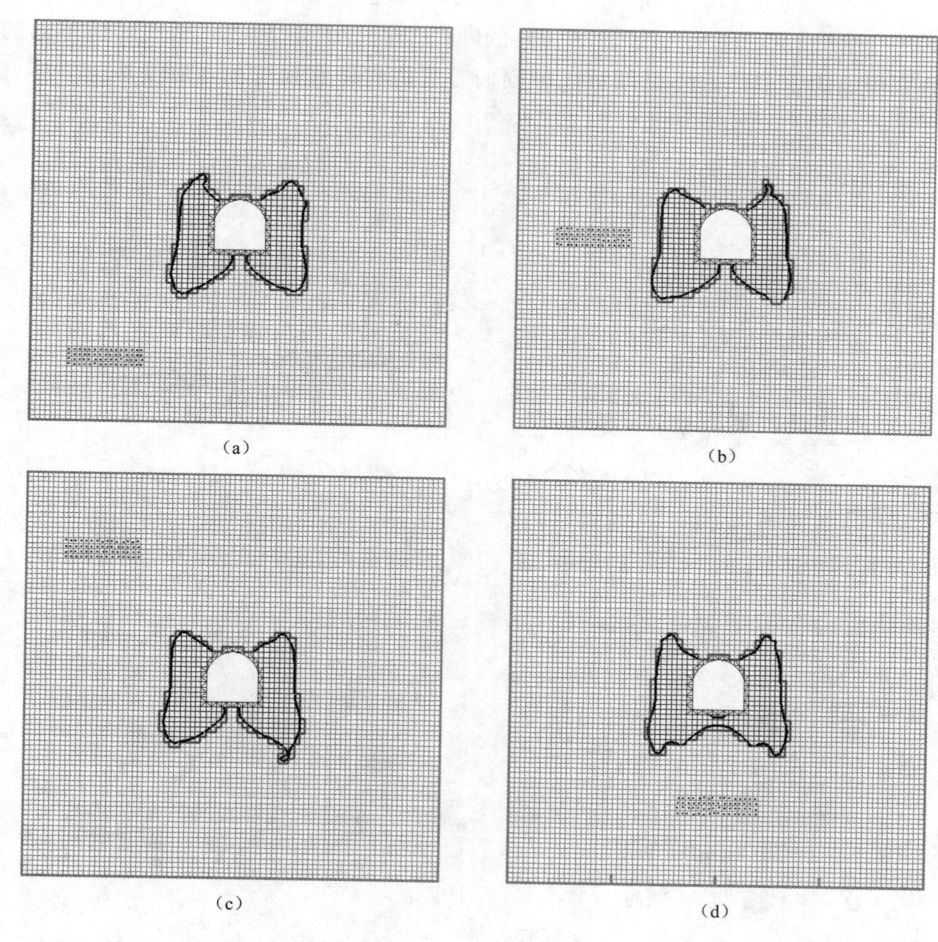

图 5.29　不同部位的软弱区对最优支护的影响

(a) 软弱带在左下角；(b) 软弱带在左侧；

(c) 软弱带在左上角；(d) 软弱带在正下方

如图 5.29 所示为最优支护的解。当软弱带位于洞室的左下角时，最优锚固支护的形状基本不变，最优解的形状与均质地基时的最优形状对比朝着左下方有些微的倾斜；

当软弱带位于洞室左侧时，最优锚固支护中左侧比右侧更厚实；当软弱带位于洞室左上角时，最优锚固支护朝着左上方有一定程度的偏转，其偏转程度小于软弱带位于洞室左下方时的情况；当软弱带位于洞室正下方时，最优锚固支护的形状有所改变。综上所述，当软弱带位于洞室正下方时对最优锚固支护的影响最大。

5.13.2 不同部位贯通的软弱带对最优支护的影响

断层是一种常见的地质构造，本书把断层作为一种贯通的软弱带来处理，本书考察了断层在洞室下方、断层穿过洞室、断层在洞室上部 3 种情况。这里选取 5.8 节所述的计算模型，以防止底部中点为监测基准点的洞室总变形为目标函数。断层的厚度为 3m，方向由左上到右下，与水平线夹角为 8.5°，断层的弹性模量是正常岩体的 1/10，位置如图 5.30(a)～图 5.30(c)所示。图 5.30(d) 的断层位置与图 5.30(b) 相同，所不同的是对于断层的软弱破碎带岩体并不采取锚固加固而是采取岩体置换加固，置换后的岩体性质与正常岩体锚固后的力学性质相当，见表 5.3。

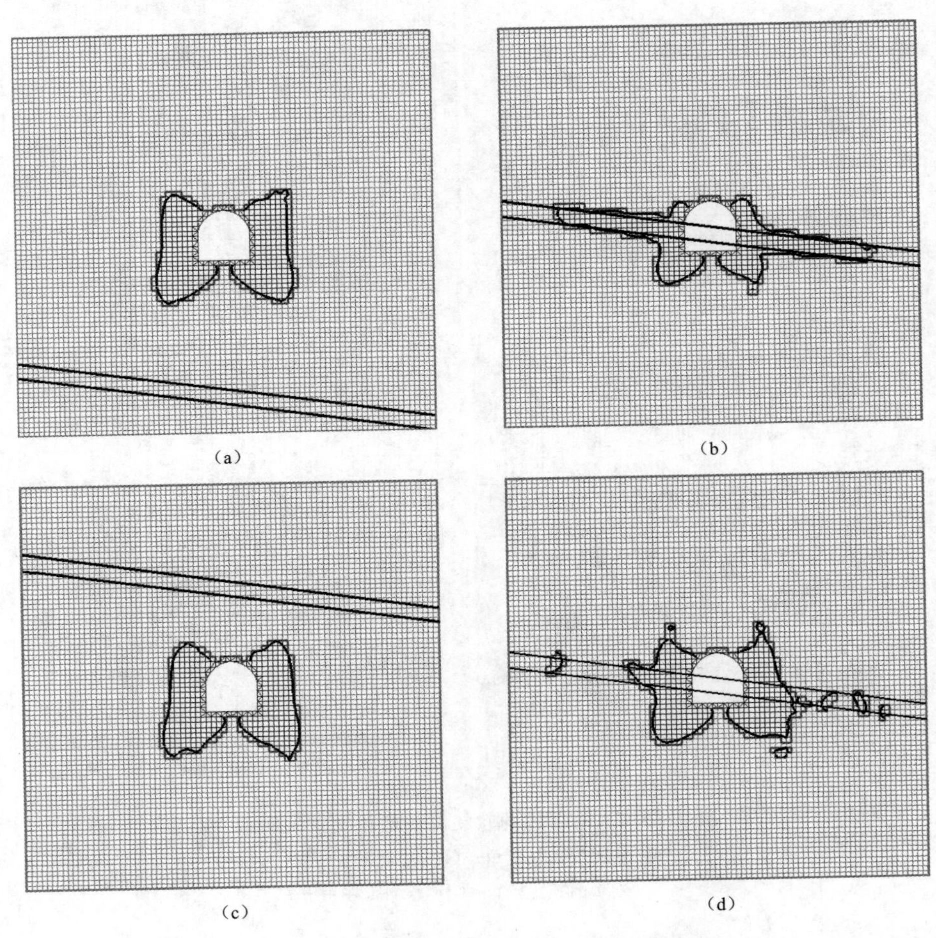

图 5.30 不同部位断层对最优支护的影响

(a) 断层在洞室下方；(b) 断层穿过洞室，采取锚杆加固；
(c) 断层在洞室上方；(d) 断层穿过洞室，采取岩体置换加固

表5.3　断层软弱破碎带岩体锚固加固后和岩体置换后的力学性质　单位：GPa

类　型	D_{11}	D_{12}	D_{22}	D_{33}
未加固的软弱岩体	1.95	0.50	1.40	0.50
锚固后的软弱岩体	3.85	0.79	2.81	0.95
置换后的岩体	35.93	6.34	27.44	7.91

图5.30对比了不同部位的断层对于最优支护的影响。对于断层位于洞室下方和上方时的情况，最优锚固支护的变化幅度小于岩体中包含局部软弱带的情况，这是因为断层对于已经沉降完成的地基的扰动而言，其作用比较均匀，对最优锚固支护的形状影响不大，而软弱带的影响则是局部的、不均匀的，因此，相对而言对最优锚固支护的形状影响较大。

图5.30(b) 研究了断层穿过洞室时的最优锚固方案，由于锚固对软弱岩体的加固作用非常有限，需要处理的区域较大。

图5.30(d) 研究了断层穿过洞室时对断层采取岩体置换加固措施时的最优支护方案，从图中可以发现，为防止洞室系统变形，在断层区域所需置换的岩体面积比最优锚固方案中对软弱岩体的锚固区域少。

5.14　限定锚固范围和深度的锚距优化设计

在传统的锚固设计中常常采用等锚距设计，显然，这种经验设计方式并不能保证是最优的，本书用几个算例说明了在限定锚固范围和深度的条件下，对锚固间距进行优化的情况。

图5.31(a) 为限定锚固范围不同目标函数锚距优化结果。锚杆长为6m，锚杆为直径28mm的16Mn螺纹钢。锚杆的弹性模量取为210GPa，泊松比为0.25。设定锚固间距分别为1m×2/3m、1m×1m、1m×2m的情况，锚固率分别为0.000924、0.000616、0.000308。在图中用颜色深浅表示锚距的疏密，颜色越深锚距越密。岩石完整指数为3。锚固分区如图5.19所示。根据5.7节中建立的锚固岩体等效模型可以求得上述3种锚距条件下锚固岩体的力学性质。

选取一种典型的双轴地应力场，取$k=0.4$。取岩石水平弹性模量为17GPa，垂直弹性模量为12GPa，泊松比为0.2，剪切模量为5GPa，层状岩体，分层面为水平面，其他条件与5.8节相同。

初始锚固是在锚固区域内以1m×1m等锚距进行锚固，如图5.31(a) 所示。这里研究了5.8节的几种目标函数的最优锚距分布。图5.31给出了限定锚固区域的最优锚固间距的方案。由于限定了锚固区域，因此最优锚固方案与5.8节的结果有了一些区别。特别是对于防治底鼓、帮鼓为目标函数的情况，由于限定了锚固区域，除了对底角斜向上45°和斜向下45°加固外，需要对顶部进行向上的加固。从图5.31中可以看出，尽管允许多锚距的锚固方案，但是锚固以最密集的1m×2/3m锚距为主。

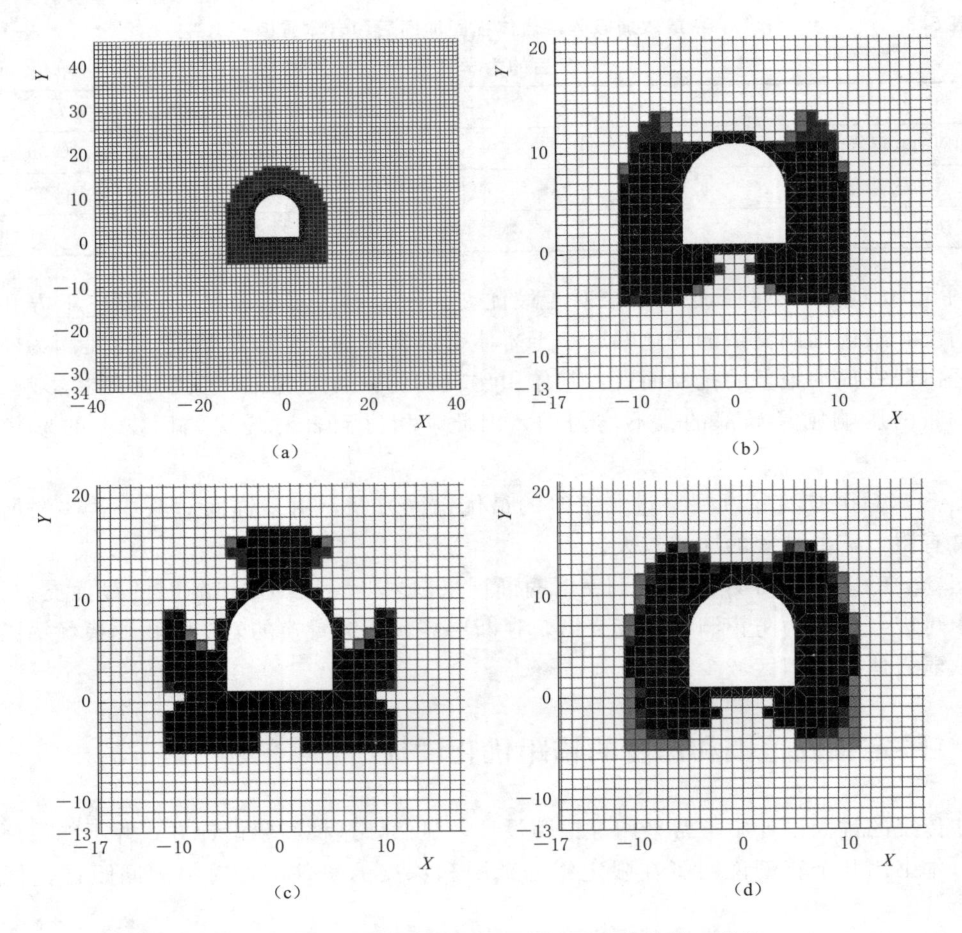

图 5.31　限定锚固范围不同目标函数锚距优化结果（单位：m）

(a) 初始锚固方案；(b) 防治底部中点为监测基准点的洞室总变形为目标函数；(c) 防治底鼓、帮鼓为目标函数；(d) 防治顶底与边墙相对变形为目标函数

5.15　同时考虑锚距锚深优化的最优支护

本节不限定锚固区域，其他条件与 5.14 中的相同。图 5.32 给出了 3 种目标函数的最优锚距和锚深支护拓扑，从图中可以看出，它与只有一种锚距选择的最优拓扑类似。所不同的是，在多种锚距条件下，最优锚固方案在靠近洞室的核心区域采用最密集的 1m×2/3m 锚距，而远端采取较为稀疏的 1m×0.5m 的锚距，这样，一方面使得锚固的作用范围更大，另一方面也保证了核心区域的最强锚固。当然，本节的例子并不能说明用锚距的减小来换取锚固范围的增大能增强锚固效果，针对具体问题具体研究才能得到最优的锚固方案。

图 5.32(d) 给出了本节与限定锚固区域最优锚固方案的目标函数历程对比，图中1 表示限定锚固区域的结果，2 表示不限定锚固区域同时优化锚距和锚深的结果，从图中可以

看出，同时进行锚距和锚深优化的锚固方案比限定锚固范围的锚固方案更优，其中以防治底鼓、帮鼓为目标函数的方案改善得最多，这一规律符合常识。

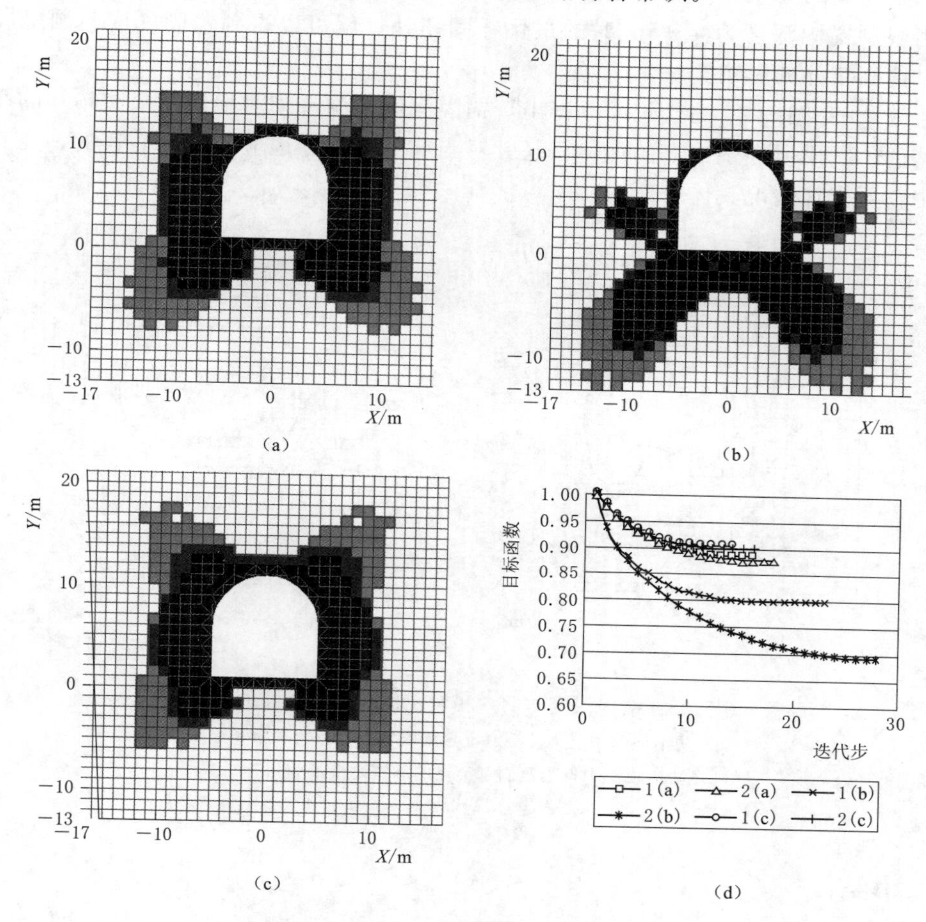

图 5.32 不限定锚固区域同时优化锚距锚深的结果

(a) 防治底部中点为监测基准点的洞室总变形为目标函数；(b) 防治底鼓、帮鼓为目标函数；(c) 防治顶底与边墙相对变形为目标函数；(d) 归一化目标函数历程对比

（注：图（d）中1表示限定锚固区域的结果；2表示不限定锚固区域的结果）

5.16 锚固深度与洞室尺寸相对比值对最优锚固的影响

本书所建立的洞室模型为10m量级，在本节的最优支护拓扑中，锚杆长度也大致为10m量级。显然，如果洞室尺寸变化，锚杆长度也随之变化，并保持与洞室尺寸相当，那么最优锚固形状不会变化。因此，本书得到的最优锚固拓扑的规律也同样适合于洞室尺寸小于10m的情况。

在实际工程中，洞室的尺寸可能会达到30m量级，甚至更大。但实际上，锚杆的长度是有一定限制的，因此有必要研究因此造成的最优锚固拓扑的变化。假定锚杆长度为

L，考虑洞室尺寸为 $2L$、$3L$，甚至更大时，最优锚固形状的变化规律。

考虑到模型的增大并不改变锚固形状的相对值，因此，这里以 5.8 节的例子为例，通过研究当限制锚固深度为 4～5m 时的最优锚固拓扑，就可以得到锚固深度与洞室尺寸相对比值对锚固拓扑的影响。

由图 5.33 和图 5.20 的比较可以得出，锚固深度与洞室相对比值对锚固拓扑的影响是非常显著的。图中所表现出来的规律只是针对当前的围岩和地应力条件而言的，在其他实际工程中，要具体情况具体分析。

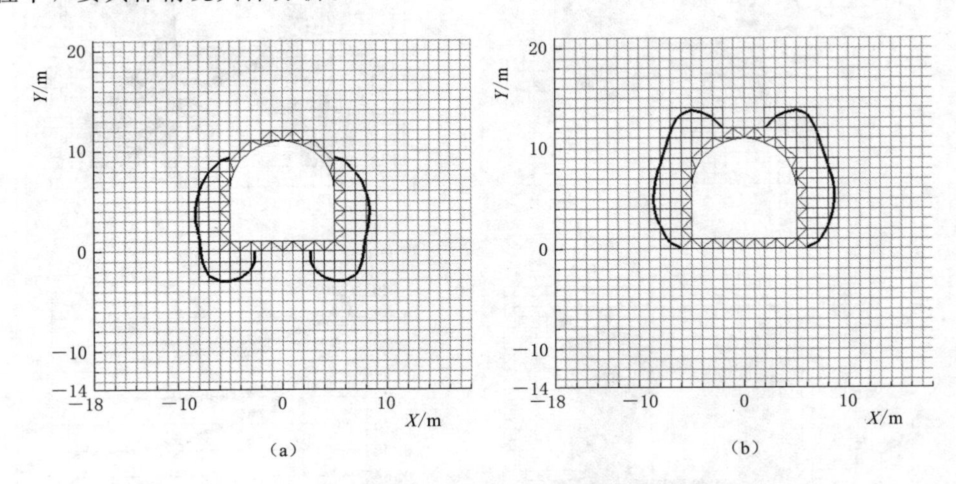

图 5.33 锚固深度与洞室相对比值对锚固拓扑的影响

(a) 防治底部中点为监测基准点的洞室总变形为目标函数；

(b) 防治顶部中点为监测基准点的洞室总变形为目标函数

5.17 小结

(1) 引入了本书用到的地下洞室有限元计算模型，发展了用于评价简单洞室稳定性的目标函数，推导了相关敏感度；发展了锚固对原始岩石的加固模型，新的模型考虑了岩石完整度和锚杆方向的影响。

(2) 通过与均匀化方法所得结果的比较，验证了本书方法的适用性。并通过计算参数的敏感性分析，展示了本书方法的鲁棒性，特别是不同初始拓扑对最优支护的影响研究清楚地表明了本书方法减少锚固区域和增加锚固区域的双向优化功能，这一功能有力地保证了结果的可靠性。

(3) 在不同角度的双轴压应力条件下，以卸荷产生的总应变能为目标的最优加固的形状大致为椭圆形，椭圆的主轴方向与地应力绝对值最大的主应力的方向一致；防治底鼓的最优拓扑与经验设计相比主要强调是对帮和角的加固，本书的结果强调对底板的加固要优先于对远端底角处的加固，目标函数表明，本书结果优于均匀化方法的结果；随着横向地应力的增加，最优支护拓扑有两点变化，一是对于底板的加固更为重视，呈明显的反拱形，二是底角处的加固往横向发展，这是为了抵抗横向地应力的结果；为防治帮鼓，最优加固强调对底角和顶角的加固；以卸荷产生的总应变能为目标函数和防治底鼓、帮鼓的最优支护的规律与试验及实际工程经验相符合。

（4）研究了某种典型的只由重力引起的地应力场均质地基条件下以防治底鼓、帮鼓，防治顶底和边墙相对位移，防治底板中点和顶拱中点为监测基准点的洞室总变形为目标函数的最优锚固支护方案。结果表明，防治帮鼓和底鼓的最优支护强调对底角的加固，其余3种目标函数的最优锚固支护呈蝴蝶形，强调对帮角和底角的加固。不同目标函数的最优锚固支护差别较大。

（5）研究了多种影响因素对最优锚固支护的影响。结果表明，由于选取了足够大的基础围岩，边界条件对锚固区域的应力影响不大，因此，对最优锚固支护影响不大，这也符合圣维南原理；地应力是最优锚固支护拓扑的决定因素，因此，要重视初期对地应力的测量和施工中的反馈分析；锚固对于岩体的加固作用是各向异性的，这种各向异性较弱，不足以影响最优锚固支护拓扑；当各向异性取较为极端的情况时，最优锚固支护拓扑随之变化，具体规律如文中所述；分层岩体对于最优支护的影响是显著的，对软弱岩体的锚固要优先于对硬岩体的锚固；由于在开挖时沉降已经完成，如果软弱带离洞室较远，则局部的软弱带对最优锚固支护的影响要大于整体断层的影响。

（6）研究了限定锚固区域与不限定锚固区域的多锚距层次的最优锚固支护问题。结果表明，限定锚固区域对于最优锚固结果有显著影响，影响规律要视具体情况而定，不限定锚固区域同时优化锚距和锚深的结果比只优化锚距或者只优化锚深的结果更优。同等锚固量条件下，优先考虑在某些区域进行密集锚距的锚固还是优先考虑进行更大范围稀疏锚距的锚固没有定论，需要具体情况具体分析。

（7）以上研究成果是基于洞室和锚杆为10m量级条件下的情况，当洞室尺寸小于10m时，规律同样适用。而当洞室尺寸超过10m量级时，需要具体问题具体分析，锚固深度与洞室尺寸相对比值对锚固拓扑的影响是非常显著的。洞周位移的对比表明，某一种目标函数下的最优支护仅仅能减小相应部位的洞周变形，所谓的最优支护是针对大家所关心的某个目标函数而言的。在地下洞室工程中，很难单独用某一种基于位移的目标函数评价洞室的稳定性。

第6章 大型地下洞室群最优锚固支护探讨

上一章讨论了简单洞室条件下的最优锚固支护方案，得到了一些有意义的规律。在实际的地下洞室工程中，特别是大型水电站地下厂房洞室群，远比上一章所考虑的情况复杂，主要表现在：地下厂房的尺寸较大，一般都在数十米；实际地质条件复杂多变；多个洞室同时开挖支护的相互影响等。本章结合溪洛渡水电站地下厂房对大型洞室群最优锚固方案的优化进行初步探索，本阶段仍基于线弹性有限元方法，在模拟洞室开挖的力学行为上仍有较大的局限性。

本章按照溪洛渡水电站地下厂房的实测地质资料和地应力情况建立了有限元模型，研究了以总应变能为目标函数的主厂房、主变室、调压井最优锚固的一些规律，探讨了主变室调压井开挖与否对主厂房最优锚固方案的影响；之后建立了监测函数的概念，阐述了基于监测函数的动态设计的概念，考察了以典型监测函数为目标函数的最优锚固支护的规律。

6.1 溪洛渡工程概况

溪洛渡水电站位于四川省雷波县和云南省永善县境金沙江干流上。该梯级上接白鹤滩电站尾水，下与向家坝水库相连，控制流域面积45.44万km^2，占金沙江流域面积的96%。坝址距离宜宾市河道里程184km，距离三峡、武汉、上海的直线距离分别是770km，1065km，1780km。

溪洛渡水电站以发电为主，兼有防洪、拦沙和改善下游航运条件等巨大的综合效益。电站装机容量12600MW，正常蓄水位600m以下库容115.7亿m^3，其中防洪库容46.5亿m^3，可进行不完全年调节，死库容51.1亿m^3，控制水沙能力强。

溪洛渡水电站的开发目标主要是“西电东送”，满足华东、华中经济发展的用电需求；配合三峡工程提高长江中下游的防洪能力，充分发挥三峡工程的综合效益；促进西部大开发，实现国民经济的可持续发展，因此，具有十分重要的意义。

溪洛渡水电站在区域地貌上位于青藏高原与云贵高原向四川盆地过渡的斜坡地带，地势总体西高东低。区域内山高谷深，金沙江呈北东向流经本区域，切割深度大于1000～1500m，谷坡陡峻，河道狭窄，河床平均坡降约1%。

综合坝址区地质情况，坝体应力分布、超载能力、施工工期、工程投资等因素，选择混凝土双曲拱坝为基本坝型。通过对首部、中部和尾部3种地下厂房布置方案的比选，选用首部地下厂房。溪洛渡水电站整体布置与地下厂房布置如图6.1和图6.2所示。

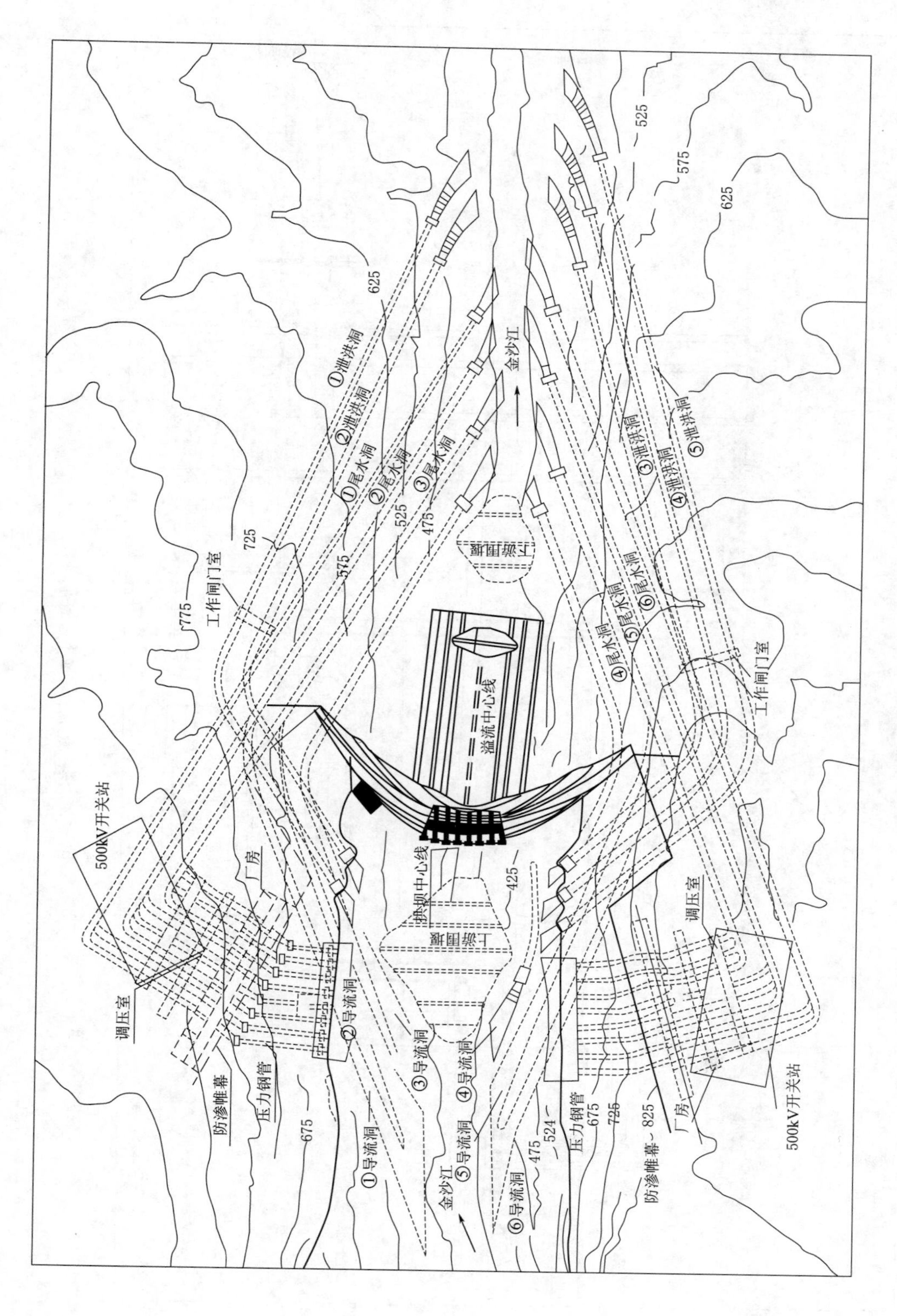

图 6.1　溪洛渡水电站整体布置图

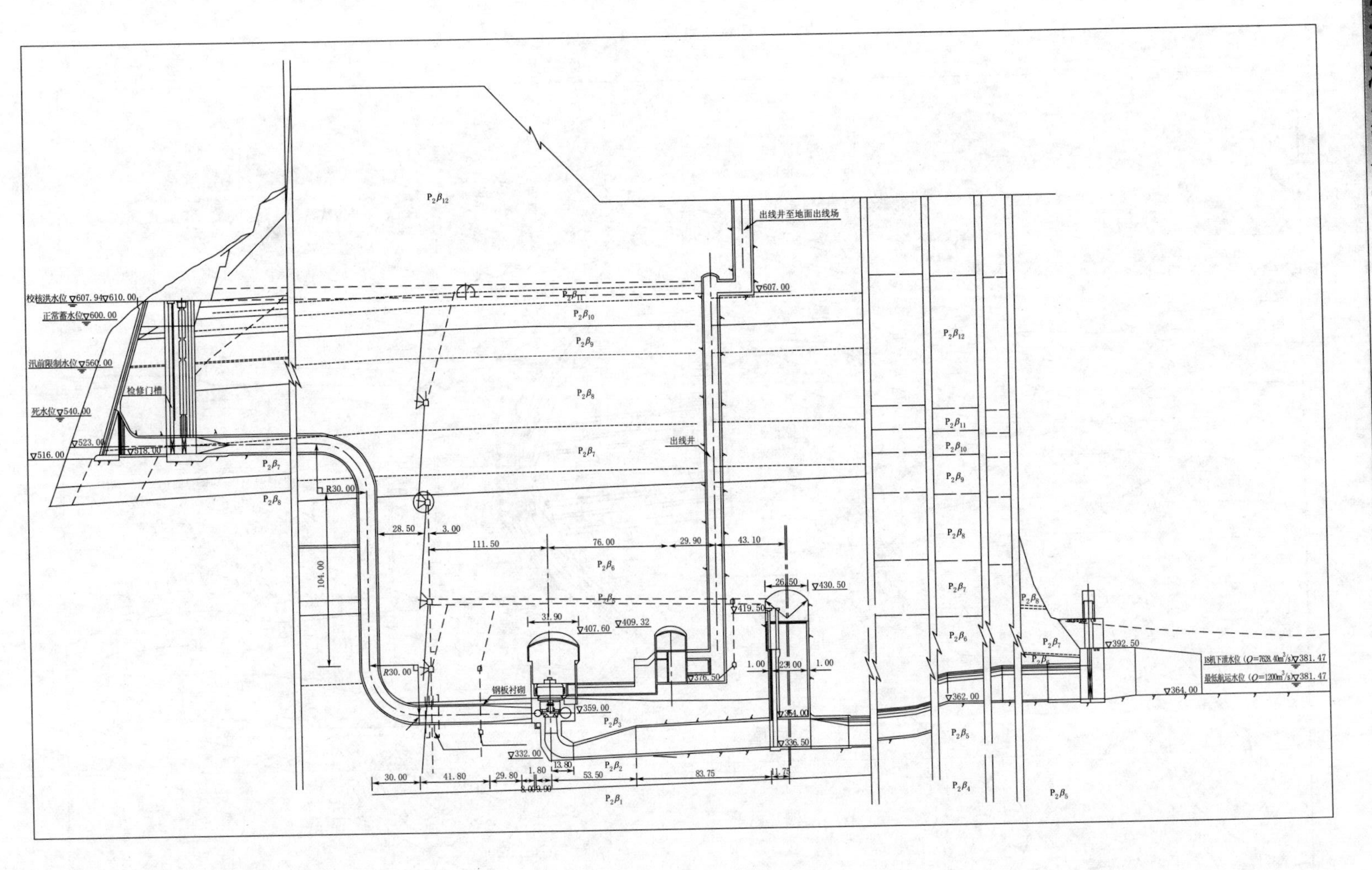

图 6.2　溪洛渡水电站地下厂房布置图

6.2　溪洛渡地下厂房相关地质条件

溪洛渡水电站位于扬子准地台西部的二级构造单元扬子台褶带范畴，区域外围控制性主干断裂有鲜水河断裂带、安宁河断裂带、则木河—小江断裂带以及龙门山断裂带，它们均距坝址 140km 以外。由凉山断裂束最东侧的峨边—金阳断裂带、莲峰断裂带和马边—盐津隐伏断裂带所围限的三角形块体，称为雷波—永善三角形块体，溪洛渡电站坝址就位于该块体的中南部。

如图 6.3 所示为左岸地质条件相对较差的 5 号机组剖面地质图，垂直和水平埋深均大于 300m，洞室围岩均由新鲜、坚硬、完整性好的玄武岩组成。按照李仲奎等人所做溪洛渡地下厂房模型试验的分类，按照岩性可以把岩体分为 18 层，具体情况见表 6.1。

表 6.1　　不同岩层材料分区表

层　次	岩层代码	岩 层 名 称	材料类别
1	P_{1m}	石灰岩	Ⅱ$_1$
2	$P_2\beta_n$	碳质页岩和伊利石黏土岩	C
3	$P_2\beta_1$	峨眉山玄武岩第一岩流层斑状玄武岩	Ⅱ$_1$
4	$P_2\beta_1$	峨眉山玄武岩第一岩流层粗玄武岩	Ⅱ$_1$
5	$P_2\beta_2$	峨眉山玄武岩第二岩流层致密状玄武岩	Ⅱ$_1$
6	$P_2\beta_2$	峨眉山玄武岩第二岩流层角砾块集熔岩	Ⅱ$_1$
7	$P_2\beta_3$	峨眉山玄武岩第三岩流层含斑状玄武岩	Ⅱ$_1$
8	$P_2\beta_3$	峨眉山玄武岩第三岩流层角砾块集熔岩	Ⅱ$_2$
9	$P_2\beta_4$	峨眉山玄武岩第四岩流层含斑状玄武岩	Ⅱ$_1$
10	$P_2\beta_4$	峨眉山玄武岩第四岩流层角砾块集熔岩	Ⅱ$_2$
10～11		层间错动层	C
11	$P_2\beta_5$	峨眉山玄武岩第五岩流层Ⅲ$_1$类玄武岩	Ⅲ$_1$
12	$P_2\beta_5$	峨眉山玄武岩第五岩流层Ⅱ类玄武岩	Ⅱ$_1$
13	$P_2\beta_5$	峨眉山玄武岩第五岩流层角砾块集熔岩	Ⅱ$_2$
13～14		层间错动层	C
14	$P_2\beta_6$	峨眉山玄武岩第六岩流层	Ⅱ$_1$
15	$P_2\beta_6$	峨眉山玄武岩第六岩流层	Ⅱ
16	$P_2\beta_7$	峨眉山玄武岩第七岩流层	Ⅱ
17	$P_2\beta_7$	峨眉山玄武岩第七岩流层	Ⅱ
17～18		层间错动层	C
18 以上	$P_2\beta_8$	峨眉山玄武岩第八岩流层	Ⅱ$_1$

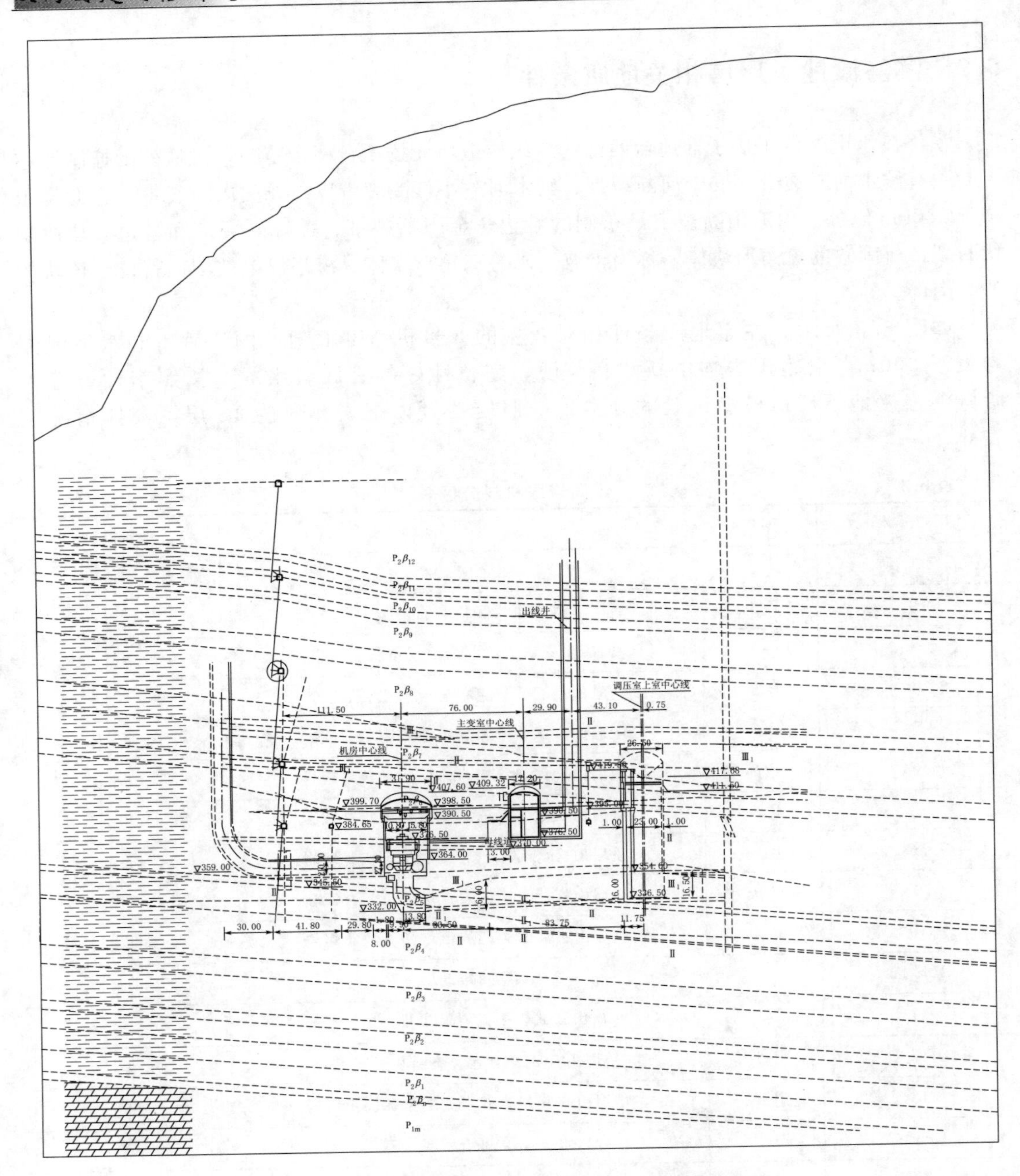

图 6.3　溪洛渡水电站地下厂房 5 号机组剖面地质图

6.3　计算模型及材料分区

按照溪洛渡水电站左岸地下厂房 5 号机组地质图建立二维有限元网格模型，如图 6.4 所示。以主厂房顶拱中点为坐标原点，以顺水流方向为 x 方向，垂直向上方向为 y 方向。整体模型的 4 个脚点坐标为（375，472.4）（－225，237.4）（－225，－297.6）（375，－297.6），单位为 m。整个域共有 25368 个单元，25220 个节点，其中设计域有单元 19850 个，在设计域内除了洞室周围用三角形单元模拟外，其他区域为 1m×1m 的矩形单元。

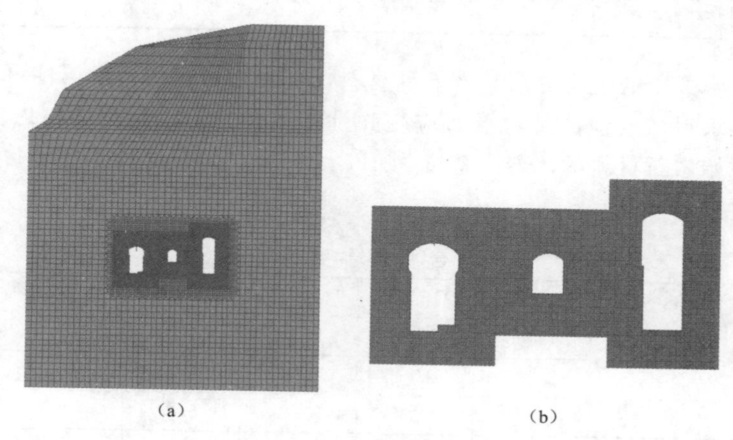

图 6.4　二维有限元网格模型

(a) 整体网格；(b) 锚固支护设计域

在图 6.3 所示的地质分层中，有的层太薄，在目前的有限元网格中无法模拟，因此，将几个比较薄的层组合起来，按照分层正交各向异性材料求得组合层的等效弹模。模型中组合层见表 6.2。

表 6.2　　简化地质条件组合分层

组合序号	所包括层次	材料编号
一	1	$Ⅱ_1$
二	2、3、4、5	$Ⅱ_1+C_1$
三	6、7	$Ⅱ_1$
四	8	$Ⅱ_2$
五	9	$Ⅱ_1$
六	10、10～11、11	$Ⅱ_2+C_2+Ⅲ_1$
七	12、13、13～14	$Ⅱ_1+C_3+Ⅱ_2$
八	14	$Ⅱ_1$
九	15、16、17	Ⅱ
十	18	$Ⅱ_1$

根据地质勘测及现场试验，给定材料参数，地质分层材料参数见表 6.3。

表 6.3　　地质分层材料参数表

材料类型	水平弹模/GPa	垂直弹模/GPa	泊松比	密度/(10^3kg/m^3)
Ⅱ	18	13	0.2	2.7
$Ⅱ_1$	21.4	13	0.2	2.7
$Ⅱ_2$	13.6	13	0.25	2.7

续表

材料类型	水平弹模/GPa	垂直弹模/GPa	泊 松 比	密度/(10^3kg/m^3)
Ⅲ_1	12.0	10.0	0.25	2.6
C	0.5	0.5	0.35	2.1

实际上，表 6.2 中的组合分层只有 6 种材料，这 6 种材料的力学属性可以按照分层正交各向异性材料求得，组合材料的平面应变弹性矩阵见表 6.4。由于缺乏实际的实测资料，本书假定原始岩石材料的体变完整度为 1.5，不含软弱带的剪切完整度为 1.5，含软弱带的剪切完整度为 3。

表 6.4　　　　组合材料参数表

材料序号	材料类别	$D11$/GPa	$D12$/GPa	$D22$/GPa	$D33$/GPa	体变完整度	剪切完整度
1	Ⅱ	19.63	3.503	14.01	5.2	1.5	1.5
2	Ⅱ_1	23.16	3.46	13.84	5.2	1.5	1.5
3	Ⅱ_2	16.22	5.155	15.46	5.2	1.5	1.5
4	Ⅱ_1+C_1	23.33	4.478	6.953	1.57	1.5	3
5	$\text{Ⅱ}_2+C_2+\text{Ⅲ}_1$	16.9	5.689	11.32	2.73	1.5	3
6	$\text{Ⅱ}_1+C_3+\text{Ⅱ}_2$	23.08	3.786	9.775	2.82	1.5	3

6.4　溪洛渡二维地应力反馈计算

本书的分析是基于二维有限元，因此，需要根据溪洛渡实测资料反馈得到的三维地应力场求得本书所需的二维地应力场。本书通过如下方式得到二维地应力场：根据三维模型地应力主应力场得到二维模型边界处有限点的 z 坐标与主应力数据，根据这一数据按照线性相关的公式进行最小二乘拟合，得到二维模型边界处的主应力曲线，将边界处的主应力曲线转化为本书坐标系下的相应正应力剪应力曲线，然后假定地应力在二维模型中线性变化，根据平衡方程得到边界处应该施加的面力荷载以及内部应该施加的体力荷载，这样就得到了计算所需的二维模型地应力荷载。

考虑到溪洛渡地下厂房区域的竖直地应力基本由重力引起，且边界处的主应力与 y 坐标基本满足线性关系，建立拟合公式：

$$\sigma_i = ay + b,\ i=1,2,3 \tag{6.1}$$

按照式（6.1），借用李仲奎等人模型试验所用的三维地应力场资料对本书模型边界处的主应力进行最小二乘拟合，得到的系数见表 6.5。

已知 3 个主应力及其方向，任意面的正应力及剪应力如下：

$$\begin{cases} \sigma_N = l^2\sigma_1 + m^2\sigma_2 + n^2\sigma_3 \\ \tau_N^2 = l^2\sigma_1^2 + m^2\sigma_2^2 + n^2\sigma_3^2 - [l^2\sigma_1 + m^2\sigma_2 + n^2\sigma_3]^2 \end{cases} \tag{6.2}$$

式中　l，m，n——斜面的外法向对于主应力方向的余弦。

将边界处主应力转化为本书二维模型坐标系下的应力见表 6.6。

表 6.5 边界主应力与 y 坐标线性相关系数 单位：MPa

应力	第三主应力（$ay+b$）		第一主应力（$ay+b$）		第二主应力（$ay+b$）	
系数	a	b	a	b	a	b
x=(左侧)	−0.0164	3.628	−0.0400	9.122	−0.0299	6.761
x=(右侧)	−0.0126	5.749	−0.0395	19.606	−0.0271	13.255

表 6.6 本书二维坐标系下边界应力与 y 坐标线性相关参数 单位：MPa

应力	σ_x（$ay+b$）		σ_y（$ay+b$）		σ_z（$ay+b$）		τ_{xz}（$ay+b$）	
系数	a	b	a	b	a	b	a	b
左侧	−0.0219	4.903	−0.0299	6.761	−0.0346	7.847	0.00997	−2.319
右侧	−0.0189	8.964	−0.0271	13.255	−0.0333	16.391	0.0114	−5.849

根据平衡方程确定所需要施加的平衡体力，然后在二维有限元模型中施加表 6.6 所示的边界面荷载与相应的体力荷载，进行有限元试算，判断是否符合原有地应力场。如果符合，则当前试算面荷载和体荷载就作为荷载值，如果不符合，则调整荷载直至符合。在二维有限元模型中，只有 σ_x、σ_y、τ_{xy} 是有意义的，σ_z 并不能出现在二维有限元模型中，而 τ_{xz} 随 x 变化，左侧小，右侧大，为了等效这一荷载，可以施加一个向右的体力荷载。

经过多次试算，垂直向体力取为重力加速度 -9.8m/s^2，横向体力取为 $(8.964-4.903)\times10^6/600/2.7\times10^3=2.507\text{m/s}^2$。左侧面荷载取为 $4.903-0.0204y$；右侧面荷载取为 $8.964-0.0204y$，单位为 MPa。右侧上部取能与横向体力平衡的面荷载。这样试算得出的 x 向和 y 向地应力基本符合实测地应力场，试算地应力场如图 6.5 所示。

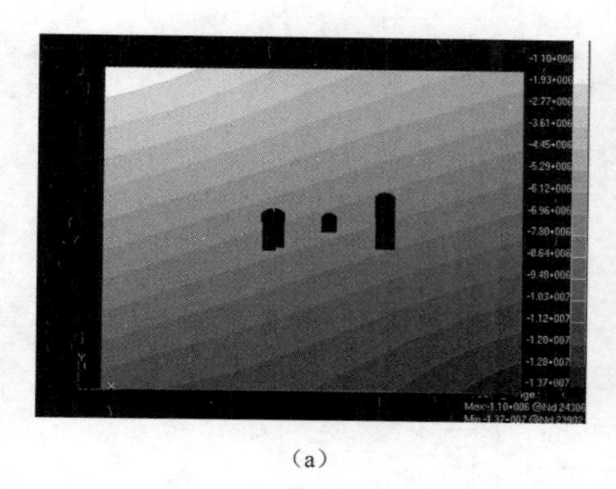

(a)

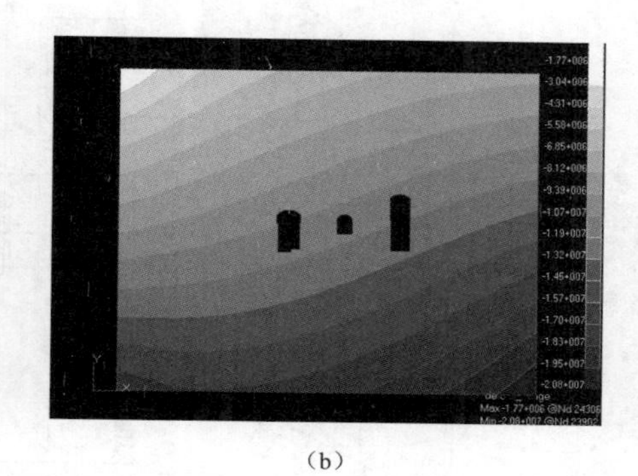

(b)

图 6.5 试算地应力场

(a) x 向；(b) y 向

6.5 现有的锚固方案等效模型

如图 6.6 所示为溪洛渡水电站左岸厂房的锚固支护设计。洞室周围喷混凝土设计值为 7～15cm。共有两种布置锚索的方式，分别是 AR_1：175t，$L=20\text{m}$，间距为 3m×3m；AR_2：150t，$L=15\text{m}$，间距为 4.5m×4.5m。洞室区域锚杆布置方式有两组，分别是 AP_1/AP_2：直径 32mm 的锚杆，$L=6\text{m}/8\text{m}$，间距为 1.5m×1.5m，两者交错布置；AP_3/AP_4：直径 32mm 的锚杆，$L=6\text{m}/8\text{m}$，间距为 1.7m×1.7m，两者交错布置。

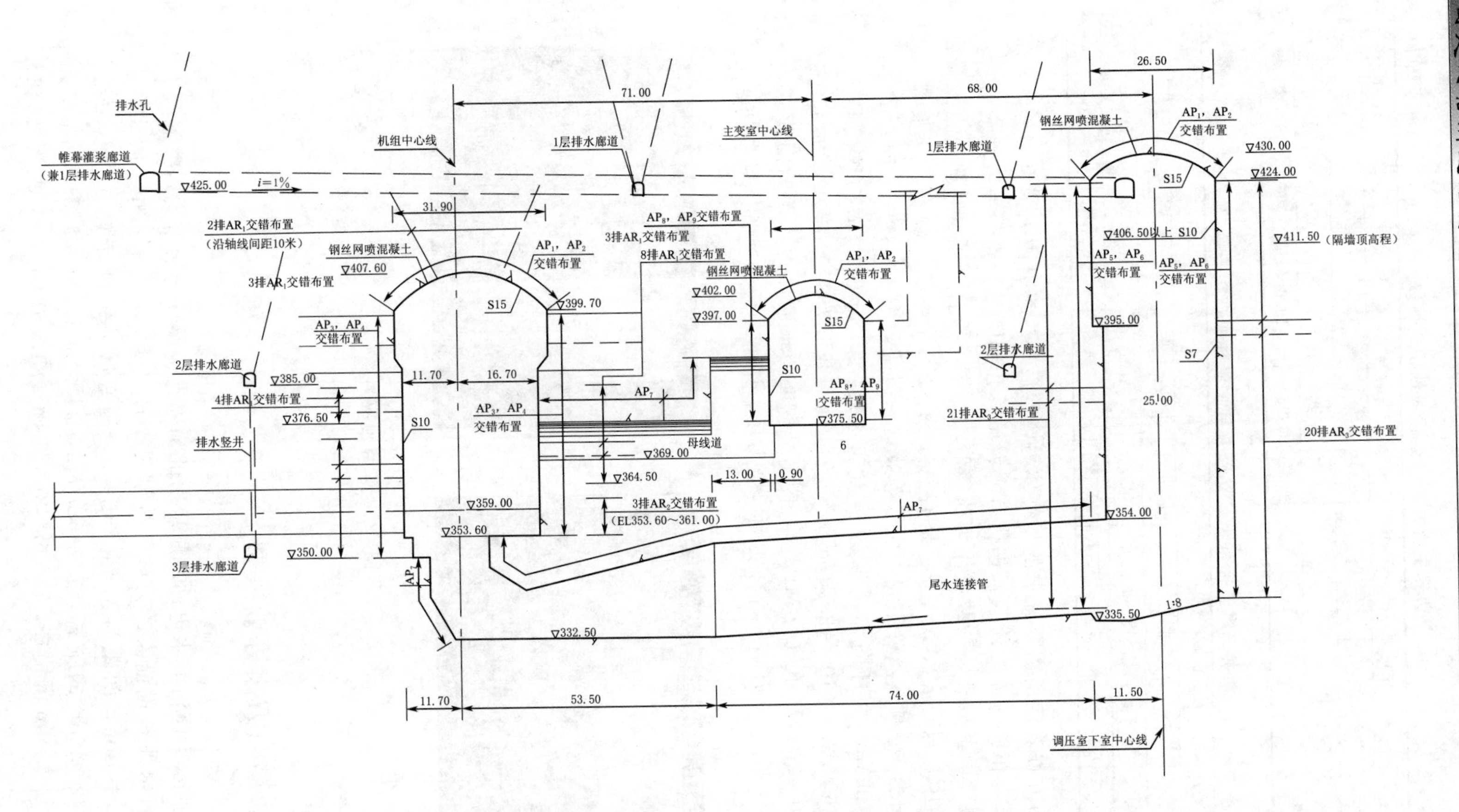

图 6.6 溪洛渡水电站左岸厂房的锚固支护设计图（单位：m）

本书为初步的规律性研究，将初始支护概化为如图 6.7 所示的初始锚固设计，图中紧邻洞周的黑色三角形网格区域表示喷混凝土层，浅灰色表示只有锚杆或者锚索加固的区域，深灰色表示既有锚杆又有锚索加固的区域，其余区域为未加固区域。

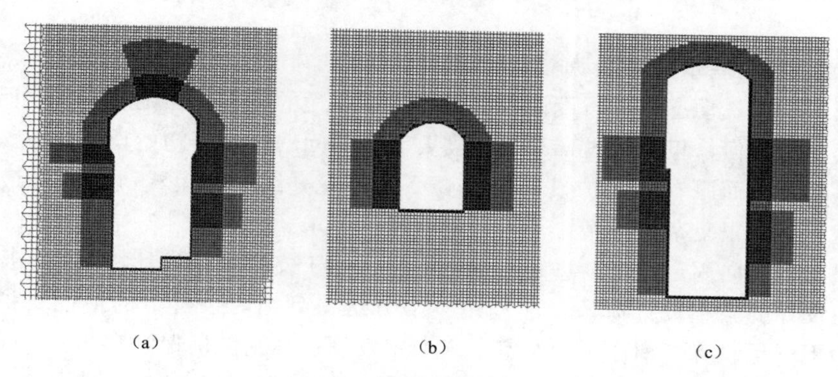

图 6.7　初始锚固概化图
(a) 主厂房；(b) 主变室；(c) 调压室

按照第 4 章中建立的锚固岩石等效模型可以求得锚固后岩体的弹性模量。锚固前岩体的材料属性见表 6.4。锚杆直径 32mm，有两种布置方式，分别是 1.5m×1.5m 和 1.7m×1.7m，为简化起见取统一的锚固量为 0.000638。锚索对于岩石的作用非常复杂，本书把它也等价于锚固量为 0.000638 的锚杆作用。篇幅所限，锚固后的弹性模量不一一列举。

6.6　洞室群稳定性评价与动态优化设计概念

6.6.1　简单的洞室群稳定目标函数

本章卸荷的确定方法如下：通过有限元试算得出如图 6.5 所示的开挖前原始地应力场；将原始地应力场状态等价于在开挖边界施加与原始地应力场等量的荷载代替洞室内岩石支撑围岩，如图 6.8(a) 所示；洞室开挖所造成的卸荷应力场，等价于撤去施加在围岩

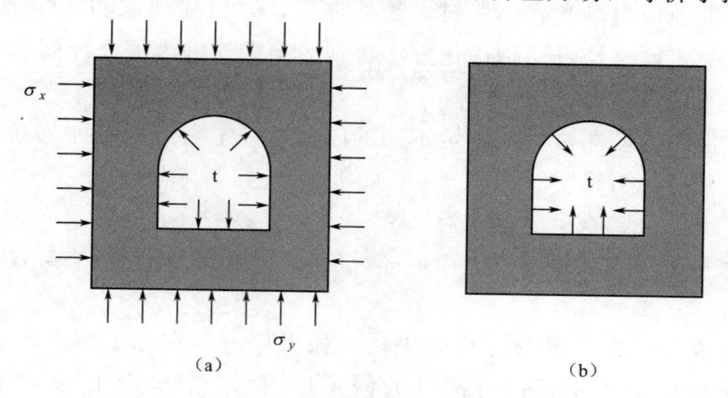

图 6.8　洞室开挖前后的应力场
(a) 未开挖前的原始应力场；(b) 洞室开挖后的卸荷应力场

边界上的等量荷载，即施加作用在洞室表面的等量荷载的反向拽力引起的应力场，如图 6.8(b)所示。

本书把卸荷产生的总应变能作为目标函数。相应的敏感度推导如第 2 章所述，这里不再赘述。

6.6.2 监测函数的基本概念及动态优化设计

如绪论中所述，动态施工与设计方法是一项有前途的技术，但是它的很多问题都还有待研究。其中，如何修正初始设计是一个需要研究的问题，修正初始设计的方法需要满足最优性和适时性。而原有的支护设计方法要么是假设—纠错的模式，不满足最优性的要求；要么需要建立很复杂的模型，不满足适时性的要求。

本书提出的双向固定网格渐进结构优化方法适用于支护优化设计，因此，原本希望在动态施工与设计的调整设计阶段，能利用本书方法得到当时条件下的最优支护拓扑。但是，目前的困难是没有一种通用的洞室围岩稳定性评价准则能确保洞室的安全，这样，即便是在施工与监测反馈分析之后，得到了当前主要的地质情况和地应力情况，也不能建立一种绝对的最优支护的概念。因此，秉承绪论中提到的收敛—约束法的思想，试图建立监测函数的概念，通过监测函数来告诉调整设计的方向。

所谓监测函数，实际上是在洞室施工过程中，能监测到的某些信息的系统综合量。目前，洞室变形位移是监测的主要量。因此，基于洞周位移的函数是监测函数的主要形式，它既能为监测系统得到，也能在数值分析模型中表征。

监测函数与洞室稳定评价目标函数的最大区别在于前者并不是标志洞室围岩稳定性的绝对量，而是通过对洞室围岩变形的监测得到的监测函数实际值与施工前标定的监测函数的标准值的比较，来反映这个监测函数所表征的局部的洞室围岩稳定性的指标量。

监测函数与洞室稳定评价目标函数也是有联系的。对于地下洞室系统而言，洞室支护是影响洞室稳定的主要人为因素。在所设定的洞室稳定评价目标函数条件下求得最优支护，就可以求得当前条件下洞室位移的可能值，从而为监测函数提供标准值范围。如果改变目标函数，则监测函数的标准值范围也随之改变。

本书仅就基于监测函数的动态优化设计过程进行简要说明：

(1) 在初始的地应力场和岩体材料参数条件下，以当前规范和实际工程经验为基础，并结合利用双向固定网格渐进结构优化方法得到的洞室支护最优设计概念，确立初始的支护设计。

(2) 建立数值位移监测模型，确定不同的以位移基本变量的多种监测函数的标准值。

(3) 建立位移反分析模型。

(4) 按照“新奥法”施工。

(5) 按照预先布置的系统监测位移，进行位移反馈分析得到相关参数，并求得多项监测函数的实际值。

(6) 把实际值与预先设定的标准值比较，如果那一项实际值超出，则选择以该项监测函数为目标函数的最优支护进行额外的修正加固，与初次优化设计不同的是，修正优化设计是在已经施工的基础上进行优化的，现有的开挖和支护状态是优化设计的前提。

（7）如此循环往复，最后完成整个工程。

本书仅仅提出了一条思路，要把这条思路应用于工程实践还需要进一步研究和验证。关键有以下几个方面：完整的监测系统，能及时提供表征洞室开挖引起的力学行为的数据，并针对具体情况建立能反映洞室开挖引起的主要力学行为的监测函数；建立合理的反分析模型，能及时通过反馈分析得到合理的力学参数；针对不同的参数条件及监测函数的实测信息，及时求得当前条件下的最优支护。

本书 5.2 节中建立几种基于洞周位移的目标函数能被监测反馈系统所量测，因此，也可以作为监测函数。

6.7　以卸荷引起的总应变能为目标函数的最优锚固支护

本书考察了分别对 3 个洞室进行锚固设计优化以及同时进行锚固优化设计的情况。考虑到实际的施工情况，把锚固区域限制在距离洞周 20m 的范围内。洞室开挖引起的卸荷作为荷载，由此产生的总应变能作为目标函数。图 6.9 为以总应变能为目标函数的最优锚固支护。图 6.10 是同时优化 3 个洞室锚固方案。最优锚固时的锚固量与初始锚固相等。

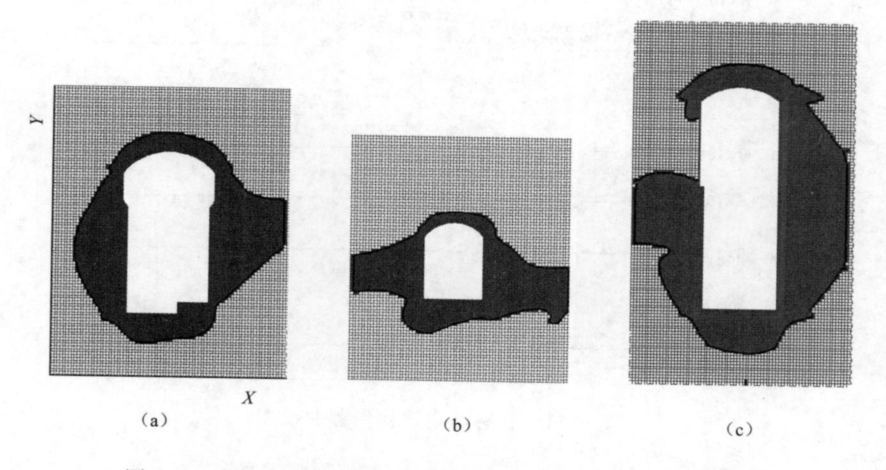

图 6.9　以总应变能为目标函数的最优锚固支护（单位：m）
（a）主厂房；（b）主变室；（c）调压井

最优锚固方案表明，为减小总应变能，除了角点应力集中区域需要锚固外，主厂房和主变室围岩的锚固以边墙为主，特别是在边墙的中部区域需要加强锚固；主厂房和主变室之间，主变室和调压井之间的岩柱区域是应该加强锚固的区域。需要说明的是，本书未考虑尾水管等因素的影响，因此在主厂房调压井的底部仍然需要锚固。

同时优化 3 个洞室锚固方案的结果与只优化 1 个洞室的结果比较一致，说明 3 个洞室的权重系数有可比性。初始锚固支护设计与以总应变能为目标函数的最优锚固设计比较相似，说明初始支护在减小卸载力产生的总应变能方面有较高的效率。

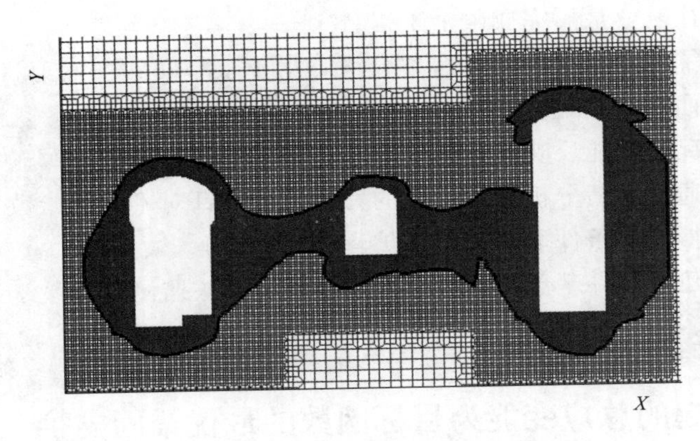

图 6.10　同时优化 3 个洞室锚固方案（单位：m）

图 6.11 是总应变能目标函数值的历程曲线。从图中可以看出，同时优化 3 个洞室的总应变能降低的幅度要大于分别优化 3 个洞室的情况。而在分别优化 3 个洞室锚固方案的工况中，以调压井围岩锚固方案的优化效率最高。

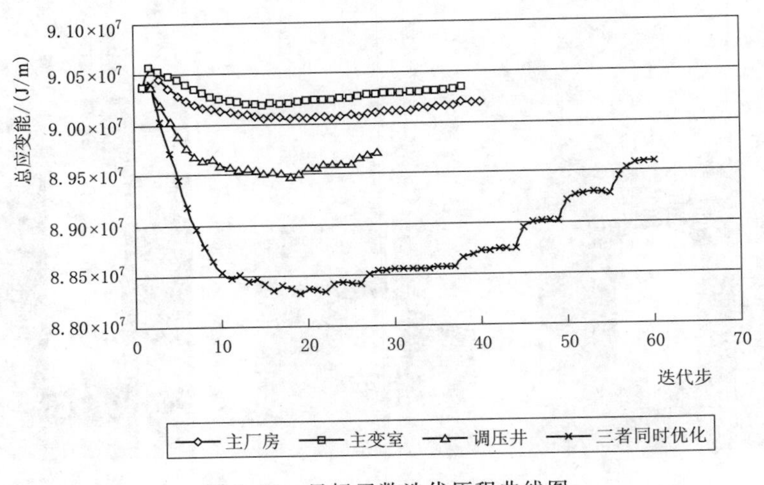

图 6.11　目标函数迭代历程曲线图

6.8　不开挖主变室和调压井对主厂房最优锚固拓扑的影响

在洞室群的施工过程中，临近洞室的开挖对于围岩的稳定性有显著的影响。本节研究不开挖主变室，不开挖主变室和调压井两种情况下主厂房最优锚固拓扑的变化。以卸荷产生的总应变能为目标函数。

如图 6.12(a) 所示，主变室和调压井未开挖对于主厂房的最优锚固方案的影响比较明显。与图 6.9(a) 相比，最明显的区别在于其最优锚固方案不需要考虑主厂房和主变室之间岩柱的加强锚固，实际上，图 6.12(a) 所示的最优锚固方案是把主厂房作为单洞室来考虑的情况，在地应力主应力方向基本是水平和竖直的条件下，锚固形状左右比较对称。而如图 6.12(b) 所示，只有主变室未开挖时，最优锚固拓扑处于图 6.9(a) 三个洞室开挖的情况和图 6.12(a) 主变室和调压井未开挖的情况这两者之间。

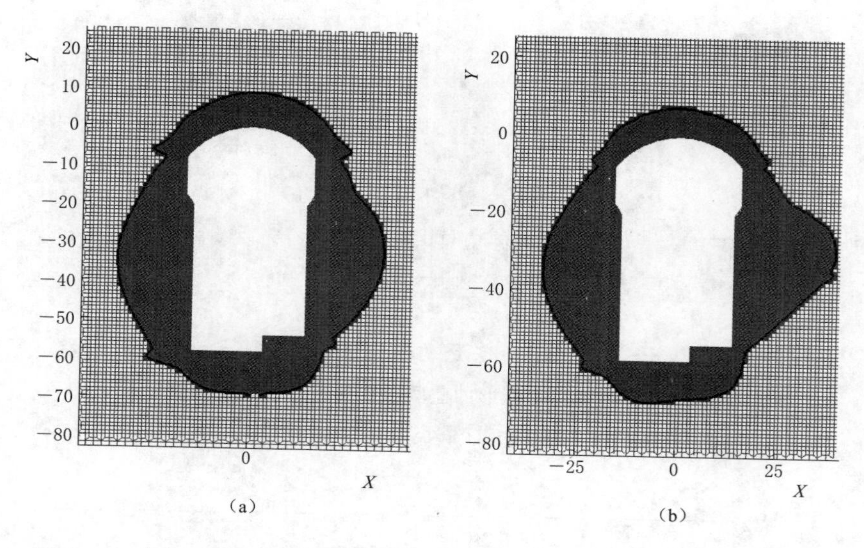

图 6.12　主变室和调压井未开挖对主厂房最优锚固方案的影响（单位：m）
(a) 主变室和调压井未开挖；(b) 只有主变室未开挖

6.9　以描述边墙相对底角变形的监测函数为目标函数的最优锚固

本节探讨了以描述边墙相对底角变形的监测函数为目标函数的最优锚固支护的情况，监测函数的表达形式如第 5.2 节所述。考虑到几个洞室的位移权重系数的选取比较困难，本节并不同时针对 3 个洞室进行锚固设计优化，而是假定另外两个洞室支护不变的条件下，求得所关注洞室的最优锚固支护。本书使用能考虑多层锚距的双向渐进结构优化方法进行优化，以图 6.7 所示的初始锚固方案为起点，优化过程中保持锚固量不变。

如图 6.13 所示分别为 3 个主要洞室的最优锚固支护，颜色深浅表示单位岩体内锚固量的多少。最优锚固围绕边墙中部区域呈拱形。主厂房的最优锚固左边墙拱的中心位置比右边墙拱的中心位置高，这是由于围岩地质分层以及主变室的影响造成的；主变室的左边墙锚固量比右边墙多，这是因为调压井对主变室区域的应力释放作用大于主厂房，因此，相对而言，右边墙的位移要小于左边墙。调压井的右边墙锚固量大于左边墙，尤其是左边墙上部区域的锚固较少，这是由于主变室对于调压井上部区域的应力释放作用引起的。

图 6.14 所示为归一化目标函数迭代历程曲线，反映了最优锚固方案在防治边墙变形上比原方案的优化效率。如同 6.6 节指出的那样，以监测函数为目标函数的最优锚固方案并不是保证洞室稳定性的最优方案，而是相对于特定监测函数的最优加强锚固方案。

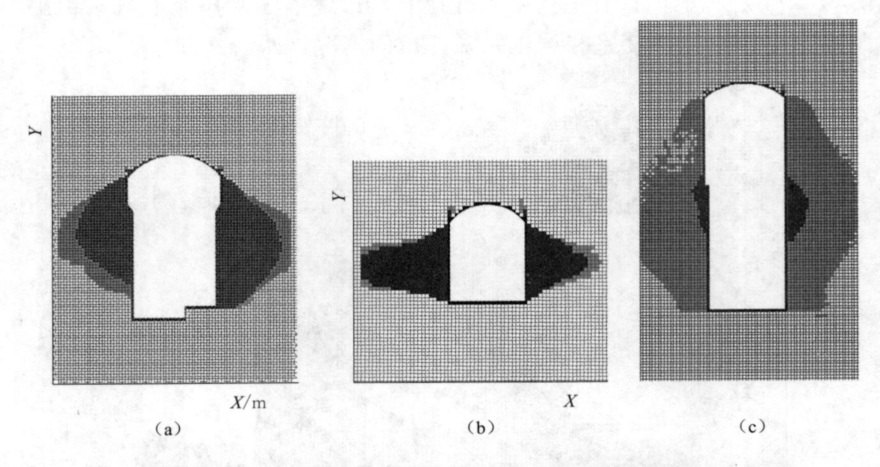

图 6.13　以控制边墙相对变形的监测函数为目标函数的最优锚固支护
(a) 主厂房；(b) 主变室；(c) 调压井

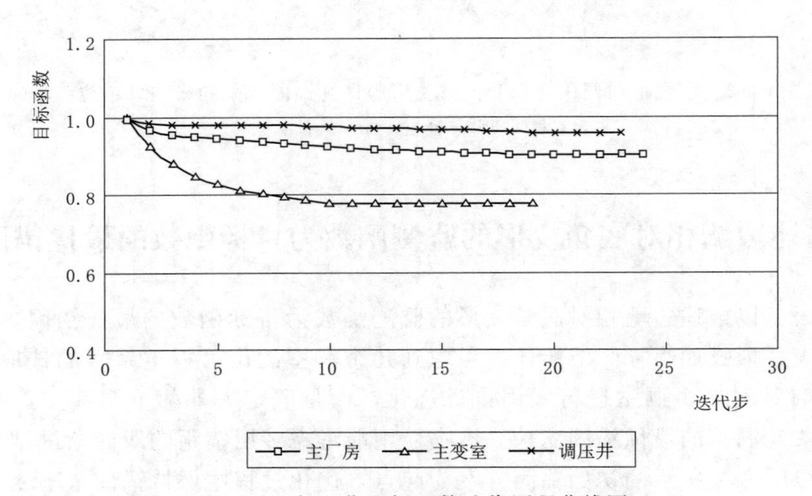

图 6.14　归一化目标函数迭代历程曲线图

6.10　小结

(1) 根据实际的地质资料和模型试验的参考数据建立了二维线弹性有限元地下洞室分析模型。

(2) 研究了以卸荷产生的总应变能为目标函数的最优锚固支护。最优锚固方案表明，为减小卸荷产生的总应变能，除了角点应力集中区域需要锚固外，主厂房和主变室围岩的锚固以边墙为主，特别是边墙的中部区域；主厂房和主变室之间，主变室和调压井之间的岩柱区域是应该加强锚固的区域。现有的锚固方案与以总应变能为目标函数的最优锚固比较相似。主变室和主厂房未开挖对于主厂房的最优锚固方案的影响比较明显，最优锚固方案左右比较对称。

（3）在动态设计与施工方法的基本框架中，建立了监测函数的概念，以此为基础，介绍了基于监测函数的动态优化设计的基本过程。

（4）利用本书方法研究了以防治边墙变形的监测函数为目标函数的最优锚固支护。结果表明，为减小边墙位移，最优锚固支护拓扑围绕边墙中点呈拱形。主厂房和调压井的开挖对其周边地应力有明显的释放作用，影响了主变室边墙的变形，对最优锚固支护拓扑造成了显著的影响。

（5）本章的模型模拟的是简化的一次开挖的情况，这些规律只能是洞室完全建成之后的长期稳定性的规律。施工等因素对最优支护有重要影响，需要进一步研究。

参 考 文 献

[1] Zbigniew Wasiutiynskl，Andrzej Brandt. The present state of knowledge in the field of optimum design of structures [J]. Applied Mechanics Reviews，1963，16 (5)：341 - 350.

[2] C. Y. Sheu，W. Prager. Recent Developments in Optimal Structural Design [J]. Applied Mechanics Reviews，1968，21 (10)：985 - 992.

[3] Vipperla B. Venkayya. Structural optimization：A Review and some recommendations [J]. International Journal for Numerical Methods in Engineering，1978 (13)：203 - 228.

[4] Schmit L A. Structural design by systematic synthesis [C]. New York：American Society of Civil Engineers，1960.

[5] 杨海霞．地下洞室全过程优化设计建模理论与分析方法 [D]. 南京：河海大学，2002.

[6] 许素强，夏人伟．结构优化方法研究综述 [J]. 航空学报，1995，16 (4)：385 - 396.

[7] Prager W，Taylor J E. Problem of optimal structural design [J]. Journal of Applied Mechanics，1968，35 (1)：102 - 106.

[8] Venkayya V B，Khot N S，Reddy V S. Optimization of structural based on the study of strain evergy distribution [J]. AFFDL - TR - 68 - 150，1968：111 - 153.

[9] Prager W，Marcal P V. Optimality criteria in structural design [J]. AFFDL - TR - 70 - 166，1970.

[10] Zhou M，Rozvany G I N. A new discretized optimality criteria method in structural optimization. AIAA J，1974，12：2364 - CP.

[11] Schmit L A，Farshi B . Some Approximation Concepts for Structural Synthesis [J]. AIAA Journal，1974，12：692 - 699.

[12] Fleury C，Sander G. Relations between optimality criteria and mathematic programming in structural optimization [C]. Los Angeles，1977.

[13] Zienkiewicz O C，Campbell J S. Shape optimization and sequencial linear programming. In：Optimization Structural Design [M]. Lonton：John Wiley & Sons，1973.

[14] Haftka R T，Grandhi R V . Structural shape optimization：A survey [J]. Computer Methods in Applied Mechanics & Engineering，1986，57 (1)：91 - 106.

[15] Ding Y . Shape optimization of structures：a literature survey [J]. Computers & Structures，1986，24 (6)：985 - 1004.

[16] Hsu Y L . A review of structural shape optimization [J]. Computers in Industry，1994，25 (1)：3 - 13.

[17] Holland J H. Adaptation in Natural and Artificial Systems [M]. Ann Arbor：University of Michigan press，1975.

[18] 朱峰．遗传算法在离散变量结构优化中的应用及其改进方案综述 [J]. 世界地震工程，2002，18 (4)：131 - 135.

[19] 王跃方，孙焕纯．多工况多约束下离散变量桁架结构的拓扑优化设计 [J]. 力学学报，1995，27 (3)：365 - 369.

[20] Martin Philip Bendsoe，Kikuchi N . Generating optimal topologies in structural design using a homogenization method [J]. Computer Methods in Applied Mechanics and Engineering，1988，71 (2)：197 - 224.

[21] 刘书田，程耿东．基于均匀化理论的梯度功能材料优化设计方法 [J]．宇航材料工艺，1995 (6)：21 - 27.

[22] Hassani B，Hinton E . A review of homogenization and topology optimization Ⅰ：homogenization theory for media with periodic structure [J]. Computers & Structures，1998，69 (6)：707 - 717.

[23] Hassani B，Hinton E . A review of homogenization and topology opimization Ⅱ：analytical and numerical solution of homogenization equations [J] . Computers & Structures，1998，69 (6)：719 - 738.

[24] Hassani B，Hinton E . A review of homogenization and topology optimization Ⅲ—topology optimization using optimality criteria [J]. Computers & Structures，1998，69 (6)：739 - 756.

[25] Xie Y M，Steven G P. Evolutionary structural optimization with FEA [C] . Sydney：CRC Press 1993.

[26] 吕大刚，王光远．结构智能优化设计：一个新的研究方向 [J]．哈尔滨建筑大学学报，32 (4)：7 - 12.

[27] 汪树玉，刘国华，包志仁．结构优化设计的现状与进展 [J]. 1999，20 (4)：3 - 14.

[28] Haftka R T. Structural shape optimization [J]. Int J Numer Meth Engng. 1982 (18)：661 - 673.

[29] Vanderplaats，G. N . Structural Optimization - Past，Present，and Future [J]. AIAA Journal，1982，20 (7)：992 - 1000.

[30] Ding Y . Shape optimization of structures：a literature survey [J] . Computers & Structures，1986，24 (6)：985 - 1004.

[31] Imam M H . Three - dimensional Shape Optimization [J] . International Journal for Numerical Methods in Engineering，1982，18 (5)：661 - 673.

[32] 魏红宁．自适应有限元分析技术及其在结构形状优化中的应用 [D]．成都：西南交通大学，1998.

[33] Yamazaki K，Sakamoto J，Kitano M . Three - dimensional shape optimization using the boundary element method [J]. AIAA Journal，2012，32 (6)：1295 - 1301.

[34] 肖尚宏．形状优化中关键技术的研究与实现 [D]．武汉：华中理工大学，1993.

[35] 谢祚水．结构优化设计概论 [M]．北京：国防工业出版社，1997.

[36] 蔡新，郭兴文，张旭明．工程结构优化设计 [M]．北京：中国水利水电出版社，2003.

[37] 董桂西，王藏柱．结构优化设计的现状及展望 [J]．电力情报，2000 (1)：5 - 7.

[38] 唐文艳，顾元宪．遗传算法在结构优化中的应用和研究进展 [J]．力学进展，2002，32 (1)：26 - 40.

[39] 李芳，凌道盛．工程结构优化设计发展综述 [J]．工程设计学报，2002，9 (5)：229 - 235.

[40] 汪树玉，刘国华，包志仁．结构优化设计的现状与进展（续）[J]. 1999，20 (5)：3 - 7.

[41] 孙焕纯，柴山，王跃方．离散变量结构优化设计的发展、现状及展望 [J]．力学与实践，1997，19 (4)：7 - 11.

[42] Xie Y M，Steven G P . A simple evolutionary procedure for structural optimization [J]. Computers & Structures，1993，49 (5)：885 - 896.

[43] D. Nha Chu，Y. M. Xie，A. Hira，G. P. Steven. On various aspects of evolutionary structural optimization for problems with stiffness constraints [J] . Finite Elements in Analysis and Design，1997，24 (4)：197 - 212.

[44] Chongbin，Zhao. Effect of initial nondesign domain on optimal topologies of structures during natural frequency optimization [J]. Computers & Structures，1997，62 (1)：119 - 131.

[45] Xie Y M, Steven G P. Evolutionary Structural Optimization [M]. London: Springer, 1997.

[46] D. Nha Chu, Y. M. Xie, A. Hira, et al. Evolutionary structural optimization for problems with stiffness constraints [J]. Finite Elements in Analysis and Design, 1996, 21 (4): 239-251.

[47] Qing Li, G. P. Steven, O. M. Querin. et al. Evolutionary shape optimization for stress minimization [J]. Mechanics research communication, 1999, 26 (6): 657-664.

[48] 荣见华，姜节胜，胡德文，等．基于应力及其灵敏度的结构拓扑渐进优化方法 [J]．力学学报，2003，35 (5)：584-590.

[49] Li Q, Steven G P, Xie Y M. Evolutionary structural optimization for stress minimization problems by discrete thickness design [J]. Computers & Structures, 2000, 78 (6): 769-780.

[50] Xie Y M, Steven G P. A simple approach to structural frequency optimization [J]. Computers & Structures, 1994, 53 (6): 1487-1491.

[51] Xie Y M, Steven G P. Evolutionary structural optimization for dynamic problems [J]. Computers & Structures, 1996, 58 (6): 1067-1073.

[52] Chongbin Zhao, G. P. Steven. General evolutionary path for fundamental natural frequencies of structural vibration problems: towards optimum from blow [J]. Structural Engineering and Mechanics, 1996, 4 (5): 513-527.

[53] Zhao C, Steven G P, Xie Y M. Evolutionary natural frequency optimization of thin plate bending vibration problems [J]. Structural Optimization, 1996, 11 (3): 244-251.

[54] Zhao C B, Steven G P, Xie Y M. Evolutionary optimization of maximizing the difference between two natural frequencies of a vibrating structure [J]. Structural Optimization, 1997, 13 (2): 148-154.

[55] Zhao Chongbin, Steven G P, Xie Y M. Effect of initial nondesign domain on optimal topologies of structures during natural frequency optimization [J]. Computers & Structures, 1997, 62 (1): 119-131.

[56] Zhao Chongbin, Steven G P, Xie Y M. Simultaneously Evolutionary optimization of several natural frequencies of a two dimensional structure [J]. Structural Engineering and Mechanics, 1999, 7 (5): 447-456.

[57] 荣见华，姜节胜，胡德文．地面运动激励下结构的动力学形状优化设计 [J]．振动工程学报，2003，16 (1)：48-53.

[58] D. Manickarajah, Y. M. Xie, G. P. Steven. An evolutionary method for optimization of plate buckling resistance [J]. Finite Elements in Analysis and Design, 1998, 29 (3): 205-230.

[59] J. H. Rong, Y. M. Xie, X. Y. Yang. An improved method for evolutionary structural optimization against buckling [J]. Computers and Structures, 2001, 79 (3): 253-263.

[60] Qing Li, G. P. Steven, O. M. Querin, et al. Stress based optimization of torsional shafts using an evolutionary procedure [J]. International Journal of Solids and Structures, 2001, 38 (32): 5661-5677.

[61] Li Q, Steven G P, Xie Y M. Displacement minimization of thermoelastic structures by evolutionary thickness design [J]. Computer Methods in Applied Mechanics & Engineering, 1999, 179 (3): 361-378.

[62] Li Q, Grant P S, Xie M Y, et al. Evolutionary topology optimization for temperature reduction of heat conducting fields [J]. International Journal of Heat and Mass Transfer, 2004, 47 (23): 5071-5083.

[63] Steven G P, Li Q, Xie Y M. Evolutionary topology and shape design for general physical field problems [J]. Computational Mechanics, 2000, 26 (2): 129-139.

[64] 罗志凡，荣见华，杜海珍．一种基于主应力的双方向渐进结构拓扑优化方法 [J]. 应用基础与工程科学学报，2003，11 (1)：98-105.

[65] Hong Guan, G. P. Steven, Y. M. Xie. Evolutionary structural optimization incorporating tension and compression materials [J]. Advances in Structural Engineering, 1999, 2 (4): 273-288.

[66] Hong Guan, YinJung Chen, YewChaye Loo, et al. Bridge topology optimization with stress, displacement and frequency constraints [J]. Computers and Structures, 2003, 81 (3): 131-145.

[67] Xie Y M, Steven G P. Optimal design of multiple load case structures using an evolutionary procedure [J]. Engineering Computation, 1994, 11 (4): 295-302.

[68] 徐飞鸿，荣见华．多工况下结构拓扑优化设计 [J]. 力学与实践，2004，26 (1)：50-54.

[69] K. A. Proos, G. P. Steven, O. M. Querin, et al. Multicriterion Evolutionary Structural Optimization Using the Weighting and the Global Criterion Methods [J]. AIAA Journal, 2001, 39 (10): 2006-2012.

[70] K. A. Pross, G. P. Steven, O. M. Querin, et al. Stiffness and inertia multicriteria evolutionary structural optimization [J]. Engineering Computations, 2001, 18 (7): 1031-1054.

[71] Grant P S, Li Q, Xie M Y. Multicriteria optimization that minimizes maximum stress and maximizes stiffness ScienceDirect [J]. Computers and Structures, 2002, 80 (27): 2433-2448.

[72] Manickarajah D, Xie Y M, Steven G P. Optimum design of frames with multiple constraints using an evolutionary method [J]. Computers and Structures, 2000, 74 (6): 731-741.

[73] Falzon B G, Steven G P, Xie Y M. Shape optimization of interior cutouts in composite panels [J]. Structural Optimization, 1996, 11 (1): 43-49.

[74] B. G. Falzon, G. P. Steven, Y. M. Xie. Multiple cutout optimization in composite plates using evolutionary structural optimization [J]. Structural Engineering and Mechanics, 1997, 5 (5): 609-624.

[75] Liang Q Q, Xie Y M, Steven G P. Optimal Topology Design of Bracing Systems for Multistory Steel Frames [J]. Journal of Structural Engineering, 2000, 126 (7): 823-829.

[76] Nha C D, Xie Y M, Steven G P. An evolutionary structural optimization method for sizing problems with discrete design variables [J]. Computers and Structures, 1998, 68 (4): 419-431.

[77] Li W, Li Q, Steven G P, et al. An evolutionary shape optimization procedure for contact problems in mechanical designs [J]. Proceedings of the Institution of Mechanical Engineers: Part C, 2003, 217 (4): 435-446.

[78] Li W, Li Q, Steven G P, et al. An evolutionary approach to elastic contact optimization of frame structures [J]. Finite Elements in Analysis & Design, 2004, 40 (1): 61-81.

[79] Liang Q Q, Xie Y M, Steven G P. Optimal topology selection of continuum structures with displacement constraints [J]. Computers and Structures, 2000, 77 (6): 635-644.

[80] Liang Q Q, Xie Y M, Steven G P. A performance index for topology and shape optimization of plate bending problems with displacement constraints [J]. Structural and Multidiplinary Optimization, 2001, 21 (5): 393-399.

[81] Liang Q Q, Steven G P. A performance-based optimization method for topology design of continuum structures with mean compliance constraints [J]. Computer Methods in Applied Mechanics and Engineering, 2002, 191 (13): 1471-1489.

[82] Tanskanen P. The evolutionary structural optimization method: theoretical aspects [J]. Computer Methods in Applied Mechanics and Engineering, 2002, 191 (47): 5485 - 5498.

[83] Kutylowski R. On nonunique solutions in topology optimization [J]. Structural & Multidisciplinary Optimization, 2002, 23 (5): 398 - 403.

[84] Rozvany G I N, Querin O M. Combining ESO with rigorous optimality criteria [J]. International Journal of Vehicle Design, 2015, 28 (4): 294 - 299.

[85] M. Zhou, G. I. N. Rozvany. On the validity of ESO type methods in topology optimization [J]. Struct Multidisc Optim, 2001, 21 (4): 80 - 83.

[86] Rozvany G I N. Stress ratio and compliance based methods in topology optimization: a critical review [J]. Structural & Multidisciplinary Optimization, 2001, 21 (2): 109 - 119.

[87] Rozvany G I N, Querin O M, Gaspar Z, et al. Extended optimality in topology design [J]. Structural and Multidisciplinary Optimization, 2002, 24 (3): 257 - 261.

[88] Zhao C, Steven G P, Y. M. Xie. A generalized evolutionary method for natural frequency optimization of membrane vibration problems in finite element analysis [J]. Computers & Structures, 1998, 66 (2): 353 - 364.

[89] Querin O M, Young V, Steven G P, et al. Computational efficiency and validation of bi - directional evolutionary structural optimisation [J]. Computer Methods in Applied Mechanics & Engineering, 2000, 189 (2): 559 - 573.

[90] Querin O M, Steven G P, Xie Y M. Evolutionary structural optimization using additive algorithm [J]. Finite Elements in Analysis and Design, 2000, 34 (3): 291 - 308.

[91] Young V, Querin O M, Steven G P. 3D and multiple load case bi - directional evolutionary structural optimization (BESO) [J]. Structural Optimization, 1999, 18 (2): 183 - 192.

[92] Querin O M, Steven G P, Xie Y M. Evolutionary structural optimization (ESO) using a bidirectional algorithm [J]. Engineering Computations, 1998, 15 (8): 1031 - 1048.

[93] 荣见华，姜节胜，徐飞鸿，等. 一种基于应力的双方向结构拓扑优化算法 [J]. 计算力学学报，2004，21 (3): 322 - 328.

[94] Yang X Y, Xie Y M, Steven G P, et al. Topology Optimization for Frequencies Using an Evolutionary Method [J]. Journal of Structural Engineering, 1999, 125 (12): 1432 - 1438.

[95] Yang X Y, Xie Y M, Steven G P. BIDIRECTIONAL EVOLUTIONARY METHOD FOR STIFFNESS OPTIMIZATION [J]. AIAA Journal, 1999, 37 (11): 1483 - 1488.

[96] Reynolds D, Christie W C, Bettess P, et al. Evolutionary material translation: a tool for the automatic design of low weight, low stress structures [J]. International Journal for Numerical Methods in Engineering, 2001, 50 (1): 147 - 167.

[97] Reynolds D, Mcconnachie J, Bettess P, et al. Reverse adaptivity - a new evolutionary tool for structural optimization [J]. International Journal for Numerical Methods in Engineering, 2015, 45 (5): 529 - 552.

[98] Kim H, Garcia M J, Querin O M, et al. Introduction of fixed grid in evolutionary structural optimisation [J]. Engineering Computations, 2000, 17 (4): 427 - 439.

[99] Kim H, Querin O M, Steven G P, et al. Improving efficiency of evolutionary structural optimization by implementing fixed grid mesh [J]. Structural & Multidisciplinary Optimization, 2002, 24 (6): 441 - 448.

[100] 周克明，胡云昌. 用可退化有限单元进行平面连续体拓扑优化 [J]. 应用力学学报，2002，19

(3)：124－126.

[101] Kim H，Querin O M，Steven G P，et al. A method for varying the number of cavities in an optimized topology using Evolutionary Structural Optimization [J]. Structural & Multidisciplinary Optimization，2000，19 (2)：140－147.

[102] Kim H，Querin O M，Steven G P，et al. Determination of an optimal topology with a predefined number of cavities [J]. Aiaa Journal，2002，40 (4)：739－744.

[103] Yang X Y，Xie Y M，Liu J S，et al. Perimeter control in the bidirectional evolutionary optimization method [J]. Structural & Multidisciplinary Optimization，2002，24 (6)：430－440.

[104] 周克民，胡云昌．结合拓扑分析进行平面连续体拓扑优化 [J]. 天津大学学报，2001，34 (3)：340－345.

[105] Poulsen T A . A simple scheme to prevent checkerboard patterns and one－node connected hinges in topology optimization [J] . Structural & Multidisciplinary Optimization，2002，24 (5)：396－399.

[106] Li Q，Steven G P，Xie Y M . A simple checkerboard suppression algorithm for evolutionary structural optimization [J]. Structural & Multidiplinary Optimization，2014，22 (3)：230－239.

[107] 荣见华，姜节胜，颜东煌，等．多约束的桥梁结构拓扑优化 [J]. 工程力学，2002，19 (4)：160－165.

[108] Rispler A R，Steven G P，Tong L . Photoelastic evaluation of metallic inserts of optimised shape [J]. Composites Science & Technology，2000，60 (1)：95－106.

[109] Lencus A，Querin O M，Steven G P，et al. Aircraft wing design automation with ESO and GESO [J]. International Journal of Vehicle Design，2002，28 (4)：356－369.

[110] 孙宝元，杨贵玉，李震．拓扑优化方法及其在微型柔性结构设计中的应用 [J]. 纳米技术与精密工程，2003，1 (1)：24－30.

[111] 洪林，刘涛，崔维成，等．基于参数化有限元的深潜器主框架优化设计 [J]. 船舶力学，2004，8 (2)：71－78.

[112] Liang Q Q，Xie Y M，Steven G P . Topology Optimization of Strut－and－Tie Models in Reinforced Concrete Structures Using an Evolutionary Procedure [J]. Aci Structural Journal，2000，97 (2)：322－332.

[113] Liang Q Q，Xie Y M，Steven G P . Generating Optimal Strut－and－Tie Models in Prestressed Concrete Beams by Performance－Based Optimization [J]. Aci Structural Journal，2001，98 (2)：226－232.

[114] Liu Y，Jin F，Li Q . A strength－based multiple cutout optimization in composite plates using fixed grid finite element method [J]. Composite Structures，2006，73 (4)：403－412.

[115] 刘毅，金峰．从优化的角度看重力坝三角形断面的物理意义 [J]. 水利水电科技进展，2005 (5)：41－43.

[116] 刘毅，金峰．适用于支护拓扑优化的双向渐进结构优化方法 [J]. 工程力学，2006 (8)：110－115.

[117] Engels H，Becker W. Optimization of hole reinforcements by doublers [J]. Structural and Multidisciplinary Optimization，2000 (20)：57－66.

[118] Engels H，Hansel W，Becker W. Optimal design of hole reinforcements for composite structures [J]. Mechanics of Composite Materials，2002 (38)：417－428.

[119] Rozvany GIN，Karihaloo BL. Structural Optimization [M]. Dordrecht：Springer，1988.

[120] Vellaichamy S, Prakash BG, Brun S. Optimum design of cutouts in laminated composite structures [J]. Computers & Structures, 1990 (37): 241 - 246.

[121] Ahlstrom LM, Backlund J. Shape optimization of openings in composite pressure - vessels [J]. Composite Structures, 1992 (20): 53 - 62.

[122] Han SY, Bae SS, Jung SJ. Shape optimization in laminated composite plates by growth - strain method: Part I Volume control [J]. Key Engineering Materials, 2004 (261): 833 - 838.

[123] Han SY, Park JY, Ma YJ. Shape optimization in laminated composite plates by growth - strain method, Part II - Stress control [J]. Key Engineering Materials, 2004 (261): 839 - 844.

[124] Muc A, Gurba W. Genetic algorithms and finite element analysis in optimization of composite structures [J]. Composite Structures, 2001 (54): 275 - 281.

[125] Sivakumar K, Iyengar NGR, Deb K. Optimum design of laminated composite plates with cutouts using a genetic algorithm [J]. Composite Structures, 1998 (42): 265 - 279.

[126] Sivakumar K, Iyengar NGR, Deb K. Optimization of composite laminates with cutouts using genetic algorithm, variable metric and complex search methods [J]. Engineering Optimization, 2000 (32): 635 - 657.

[127] Bailey R, Wood J. Stability characteristics of composite panels with various cutout geometries [J], Composite Structures, 1996 (35): 21 - 31.

[128] Hu HT, Lin BH. Buckling optimization of symmetrically laminated plates with various geometries and end conditions [J]. Composites Science and Technology, 1995 (55): 277 - 285.

[129] 谷兆祺，彭守拙，李仲奎．地下洞室工程 [M]. 北京：清华大学出版社，1993.

[130] 郭子嵩．地下厂房在峡谷高坝水电站枢纽布置的优势 [J]. 水力发电．2000 (9): 38 - 42.

[131] 李杰，程志华，傅其义，等．二滩水电站地下厂房设计 [J]. 水力发电．1997，(8): 31 - 34.

[132] 杜广林，吴瑞婷，周维垣．大朝山地下电站厂房非线性有限元分析 [J]. 水利水电技术，1999，30 (5): 35 - 37.

[133] 王成菊，成旭东，黄建新．江垭电站地下厂房设计 [J]. 水力发电，1999 (7): 35 - 37.

[134] 成卫忠．棉花滩水电站地下厂房设计 [J]，水力发电，2001 (7): 28 - 31.

[135] 尹晓林，廖成刚，王菊梅．溪洛渡水电站引水发电建筑物布置设计 [J]. 水电站设计，1999，15 (2): 14 - 19.

[136] 王民寿，杨明举，谢培忠，等．小湾水电站地下厂房洞室群围岩稳定分析 [J]. 云南水力发电，2000，24 (1): 87 - 87.

[137] 阳恩国．龙滩水电站引水发电系统设计 [J]. 水力发电，1996 (6): 37 - 43.

[138] 卢义骈．百色水利枢纽地下厂房系统布置 [J]. 广西水利水电，1997 (3): 10 - 13.

[139] 冯树荣．向家坝水电站工程总体布置 [J]. 水力发电，1998 (2): 13 - 16.

[140] 张有天．中国水工地下结构建设50年（上）[J]. 西北水电，1999 (4): 8 - 15.

[141] 于学馥，郑颖人，刘怀恒，等．地下工程围岩稳定分析 [M]. 北京：煤炭工业出版社，1983.

[142] 蔡美峰．岩石力学与工程 [M]. 北京：科学出版社，2002.

[143] 傅冰骏．岩石力学研究进展 [J]. 石家庄铁道学院学报，1995，8 (2): 1 - 5.

[144] 孙钧．岩石力学在我国的若干进展 [J]. 西部探矿工程，1999，11 (1): 1 - 5.

[145] 张延军，肖树芳．无单元法（EFGM）：在岩土工程上有限元法的有力补充 [J]. 计算力学学报，2003，20 (2): 179 - 183.

[146] 剑万僖．离散单元法的基本原理及其在岩体工程中的应用 [J]. 岩石力学与工程学报，1994，13 (6): 8 - 15.

[147] 崔玉柱，张楚汉，金峰，等．拱坝-地基破坏的数值模拟与溃坝仿真 [J]. 水利学报，2002 (6)：1-8.

[148] 吴建宏，大西有三，石根华，西山哲．三维非连续变形分析（3D DDA）理论及其在岩石边坡失稳数值仿真中的应用 [J]. 岩石力学与工程学报，2003，22 (6)：937-942.

[149] 石根华．数值流形方法与非连续变形分析 [M]. 裴觉民．译．北京：清华大学出版社，1997.

[150] 金峰，王光纶，贾伟伟．离散元：边界元耦合模型在地下结构动力分析中的应用 [J]. 水利学报，2001 (2)：24-28.

[151] 康立军，齐庆新，连志斌．放顶煤开采离散介质数值模拟分析程序及应用 [J]. 煤矿开采，1998 (2)：3-8.

[152] 郑榕明，张勇惠，王可钧．耦合算法原理及有限元与DDA的耦合 [J]. 岩土工程学报，2000，22 (6)：727-730.

[153] 周先贵，曹国金．岩土力学数值方法研究进展 [J]. 建筑技术开发，2002，29 (8)：15-18.

[154] 王泳嘉，冯夏庭．关于计算岩石力学发展的几点思考．岩土工程学报，1996，18 (4)：103-104.

[155] 刁心宏，冯夏庭，杨成祥．岩石工程中数值模拟的关键问题及其发展 [J]. 金属矿山，1999 (6)：5-7.

[156] 黄宏伟，刘怀恒．地下工程结构的可靠性分析 [J]. 西安矿业学院学报，1991，11 (3)：17-25.

[157] 莫海鸿，杨林德．硬岩地下洞室围岩的破坏机理 [J]. 岩土工程，1991，3 (2)：1-7.

[158] 丁文其，杨林德，鲍德波．复杂地质条件下地下厂房围岩稳定性分析 [C]//中国岩石力学与工程学会．中国岩石力学与工程学会第六次学术大会论文集．北京：中国科学技术出版社，2000.

[159] 李术才，王渭明．大型洞室群不同开挖顺序围岩稳定效果分析 [J]. 山东矿业学院学报，1997，16 (2)：128-132.

[160] 朱维申，李术才，程峰．能量耗散模型在大型地下洞室施工顺序优化分析中的应用 [J]. 岩土工程学报，2001，23 (3)：334-337.

[161] 孙钧．世纪之交岩石力学研究的若干进展：岩石力学数值分析与解析方法 [M]. 广州：广东科技出版社，1998.

[162] Dershowitz W S，Einstein H H，Application of Artificial Intelligent to Problem of Rock Mechanics [C]. New York：American Society of Civil Engineers，1984.

[163] Fairhurst C，Lin D，Fuzzy Methodology in Tunnel Support Design [C]. 26th U. S. Symposium on Rock Mechanics，1985.

[164] 张清，田盛丰，莫元彬．铁路隧道系统围岩分类的专家系统 [J]. 铁道学报，1989，000 (4)：66-71.

[165] 冯夏庭，刁心宏．智能岩石力学（1）：总论 [J]. 岩石力学与工程学报，1999，18 (2)：222-226.

[166] 冯夏庭，张志强．智能岩石力学（2）：参数与模型地智能辨识 [J]. 岩石力学与工程学报，1999，18 (3)：350-353.

[167] 冯夏庭．智能岩石力学（3）：智能岩石工程 [J]. 岩石力学与工程学报，1999，18 (4)：475-478.

[168] 冯夏庭，王泳嘉．关于智能岩石力学发展的几个问题的探讨 [J]. 岩石力学与工程学报，1998，17 (6)：705-710.

[169] 葛宏伟，梁艳春，刘玮，等．人工神经网路与遗传算法在岩石力学中的应用 [J]，岩石力学与工

程学报，2004，23（9）：1542－1550.

[170] 冯夏庭．智能岩石力学导论［M］．北京：科学出版社，2000.

[171] 薛守义，刘汉东．岩体工程学科性质透视［M］．郑州：黄河水利出版社，2002.

[172] Kavanagh K T，Clough R W. Finite element application in the characterization of elastic solids［J］. Int J Solids Structure，1972（7）：11－23.

[173] Kirsten H A D. Determination of rock mass elastic moduli by back analysis of deformation measurement［C］. In：Proc Symp on Expliration for Rock Eng. Johannesburg，1976.

[174] Maiar G，Jurina L，Podolak K. On model identification problems in rock mechanics［C］. Capri：1977：257－261.

[175] Gioda G，Pandolfi A，Cividini A，A comparative evaluation of some back analysis algorithms and their application to in－situ load tests［C］. Kobe，1987.

[176] 杨志法，刘竹华．位移反分析法在地下工程设计中的初步应用［J］．地下工程，1981（2）：20－24.

[177] 吕爱钟，蒋斌松．岩石力学反问题［M］．北京：煤炭工业出版社．1998.

[178] 王芝银，杨志法，王思敬．岩石力学位移反演分析回顾及进展［J］．力学进展，1998，28（4）：488－498.

[179] 肖世国，周德培．岩石高边坡的动态设计施工模式［J］．岩石力学与工程学报，2002，21（9）：1372－1374.

[180] 李洪斌，徐年丰．三峡永久船闸中隔墩岩体利用与加固［J］．岩石力学与工程学报，2002，21（2）：268－272.

[181] 余景顺，王春发．预应力锚索治理不利结构面的岩石边坡［J］．公路，2003，（2）：70－72.

[182] 叶伟峰，林文亮．三峡工程永久船闸高边坡系统锚杆动态设计［J］．人民长江，1998，29（1）：14－16.

[183] 胡振瀛，朱作荣．岩石地层地下结构的设计方法［J］．地下空间，1999，19（1）：13－19.

[184] 王敬武．大朝山水电站地下厂房支护及优化设计［J］．水力发电，1998（9）：43－46.

[185] 朱骏发，张朝康，龙选民．二滩水电站地下厂房的开挖与支护［J］．水力发电，1997（8）：31－34.

[186] 朱万成，唐春安．地下洞室开挖与支护有限元分析［J］．岩土工程技术，2000（1）：2－7.

[187] 安红刚，冯夏庭．大型洞室群稳定性与优化的进化有限元方法研究［J］．岩土力学，2001，22（4）：373－377.

[188] 安红刚，冯夏庭，李邵军．大型洞室群稳定性与优化的并行进化神经网路有限元方法研究：第一部分：理论模型［J］．岩石力学与工程学报，2003，22（5）：706－710.

[189] 殷露中，杨卫．拓扑优化方法防治底、帮鼓［J］．煤炭学报，1999，24（5）：477－480.

[190] Yin Luzhong，Yang Wei. Topology optimization for tunnel support in layered geological structures［J］. International journal of numerical method in engineering，2000（47）：1983－1996.

[191] Yin Luzhong，Yang Wei，Guo Tianfu. Tunnel reinforcement via topology optimization［J］. International journal for numerical and analytical methods in geomechanics，2000（24）：201－213.

[192] Yin Luzhong，Yang Wei. Topology optimization to prevent tunnel heaves under different stress biaxialities［J］. International journal for numerical and analytical methods in geomechanics，2000（24）：783－792.

[193] Querin Qsvaldo M. Evolutionary structural optimization：stress based formulation and implementation［D］. Sydney：University of Sydney，1997.

[194] Hemp W S. Michell' s structural continua. In：Optimum Structures [M]. Oxford：Clarendon Press，1973.

[195] 王光纶，张光斗．水工建筑物 [J]. 北京：水利电力出版社，1992.

[196] Garcia MJ，Steven GP. Fixed grid finite elements in elasticity problems [J]. Engineering Computations，1999 (16)：145-164.

[197] Garcia MJ. Fixed grid finite elements analysis in structural design and optimisation [D]. PhD Thesis：The University of Sydney，1999.

[198] Garcia MJ，Gonzalez CA. Shape optimization of continuum structures via evolution strategies and fixed grid finite element analysis [J]. Structural and Multidisciplinary Optimization，2004 (26)：92-98.

[199] Tsai S W. Composites Design [M]. Dayton：Think Composites，1985.

[200] Robert M J. Mechanics of Composite Materials [M]. Philadelphia：Taylor & Francis，1999.

[201] 李建林．卸荷岩体力学 [M]. 北京：中国水利水电出版社，2003.

[202] 周楚良．中国煤矿巷道围岩控制 [M]. 徐州：中国矿业大学出版社，1994.

[203] 周楚良．矿山压力实测技术 [M]. 徐州：中国矿业大学出版社. 1987.

[204] Hoek E，Brown E T. Underground excavations in rock [M]. London：The institution of Mining and Metallurgy，1980.

[205] 康红普．软岩巷道底鼓的机理与防治 [M]. 北京：煤炭工业出版社，1993.

[206] 侯朝炯，何亚男，李晓，等．加固巷道帮、角控制底鼓的研究 [J]. 煤炭学报，1995，20 (3)：229-234.

[207] 姜耀东，陆士良．巷道底鼓机理的研究 [J]. 煤炭学报，1994，19 (4)：343-351.

[208] 杨延毅．加锚层状岩体的变形破坏过程与加固效果分析模型 [J]. 岩石力学与工程学报，1994，13 (4)：309-317.

[209] 徐恩虎，李贵民，汲长富．巷道锚杆各向异性作用效果的数值分析 [J]. 山东矿业学院学报，1999，18 (3)：10-12.

[210] 朱浮声，郑雨天．全长黏结式锚杆的加固作用分析 [J]. 岩石力学与工程学报，1996 (15)：333-337.

[211] 朱维申，任伟中．船闸边坡节理岩体锚固效应的模型试验研究 [J]. 岩石力学与工程学报，2001，20 (5)：720-725.

[212] 朱维申，张玉军，任伟中．系统锚杆对三峡船闸高边坡岩体加固作用的块体相似模型试验研究 [J]. 岩土力学，1996，17 (2)：1-6.

[213] 朱维申，李术才，陈卫忠．节理岩体破坏机理和锚固效应及工程应用 [M]. 北京：科学出版社，2002.

[214] 国家电力公司成都勘测设计研究院．金沙江溪洛渡水电站可行性研究设计汇报材料 [R]. 北京，2003.

[215] 王仁坤．溪洛渡水电站的枢纽布置研究 [J]. 水电站设计，1999，15 (1)：8-15.

[216] Gerrard C M. Equivalent Elastic Moduli of a Rock Mass Consisting of Orthorhombic Layers [J]. Int. J. Mech. Sci. & Geomech. Abstr，1982，19 (9)：9-14.

[217] 徐芝纶．弹性力学 [M]. 北京：人民教育出版社，1982.

[218] Yi Liu，Feng Jin，Qing Li. A Fixed Grid Bi-Directional Evolutionary Structural Optimization Method and Its Applications in Tunneling Engineering [J]. International journal for numerical method in engineering，2008，78 (12)：1788-1810.

[219] 刘毅，金峰．双向固定网格渐进结构优化方法［J］．应用力学学报，2007，24（4）：526－529.

[220] 刘毅，金峰．用反向渐进结构优化方法研究洞室支护拓扑优化［J］．计算力学学报，2006，23（6）：659－662.

[221] 刘毅，金峰．适用于支护拓扑优化的双向渐进优化方法［J］．工程力学，2006，23（8）：110－115.

[222] 刘毅，金峰．叠层复合材料方板多孔形状优化［J］．工程力学，2006，23（5）：113－118.

[223] Liu Yi，Jin Feng，Li Qing. A strength－based multiple cutout optimization in composite plates using fixed grid finite element method［J］. Composite Structures，2006，73（4），403－412.

[224] 刘毅．金峰．从优化的角度看重力坝三角形断面的物理意义［J］．水利水电科技进展，2005，25（5）：37－39.

[225] 刘毅．金峰．用无梯度仿生技术对叠层复合材料方板开孔形状优化［J］．清华大学学报：自然科学版，2004（12）：1630－1633.

[226] 王仁坤，邢万波，杨云浩．水电站地下厂房超大洞室群建设技术综述［J］．水力发电学报，2016，35（8）：1－11.

[227] 谢亿民，杨晓英，G. P. Steven，等．渐进结构优化法的基本理论及应用［J］．工程力学，1999，16（6）：70－81.

[228] 刘毅．双向固定网格渐进结构优化方法及其工程应用［D］．北京：清华大学，2005.